コビトカバ」！です

はじめに

体長1・5〜1・7メートル、体重は大きな個体で240キロほど。その見た目と大きさからカバの子どもと間違えられることも少なくないコビトカバ（ミニカバ、リベリアカバとも）。実際、体長はカバのおよそ3分の1、体重はおよそ10分の1と、カバの子どもサイズなのですが、れっきとした大人です。カバより原始的な種といわれ、カバほどは水中生活に適応していません。

そんなコビトカバのもともとの生息地は、アフリカ西部の熱帯雨林にある沼の水辺や湿原など。しかし現在は開発による森林の減少、密猟などいくつかの理由によりその数が激減、野生では推定2000〜3000頭しか生存しな

コビトカバに会いたい

Kobitokaba ni aitai

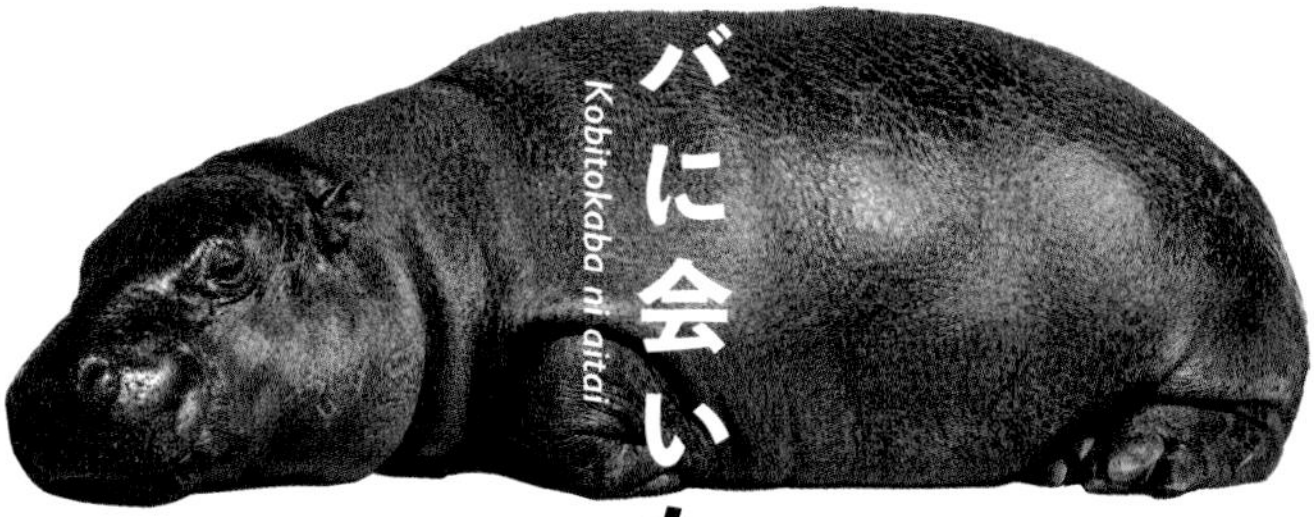

X-Knowledge

PROLOGUE
カバの子ども？
…じゃないよ

いとみられる「絶滅危惧種」に選定されています。一方で、飼育下ではよく適応し繁殖例も多いため、動物園など飼育施設の尽力により個体群が維持されているのです。

コビトカバはまた、ジャイアントパンダ、オカピとともに「世界三大珍獣」に数えられる動物でもあります。

とはいえ、名前は知っていてもわからないことの多いコビトカバ。本書ではこの稀少な動物の基礎知識とともに、日本国内でその飼育に取り組んでいる施設とそこで会える個体を紹介していきます。彼らの概要を知り、機会があれば是非、その姿や様子を体感するべく各所に足を運んでみてください。

BODY SHAPE CHECK

SIDE

横から

FRONT

前から

BACK

後ろから

gmy
ippopotamus

IN WATER

水中で

MOM & BABY

親子で

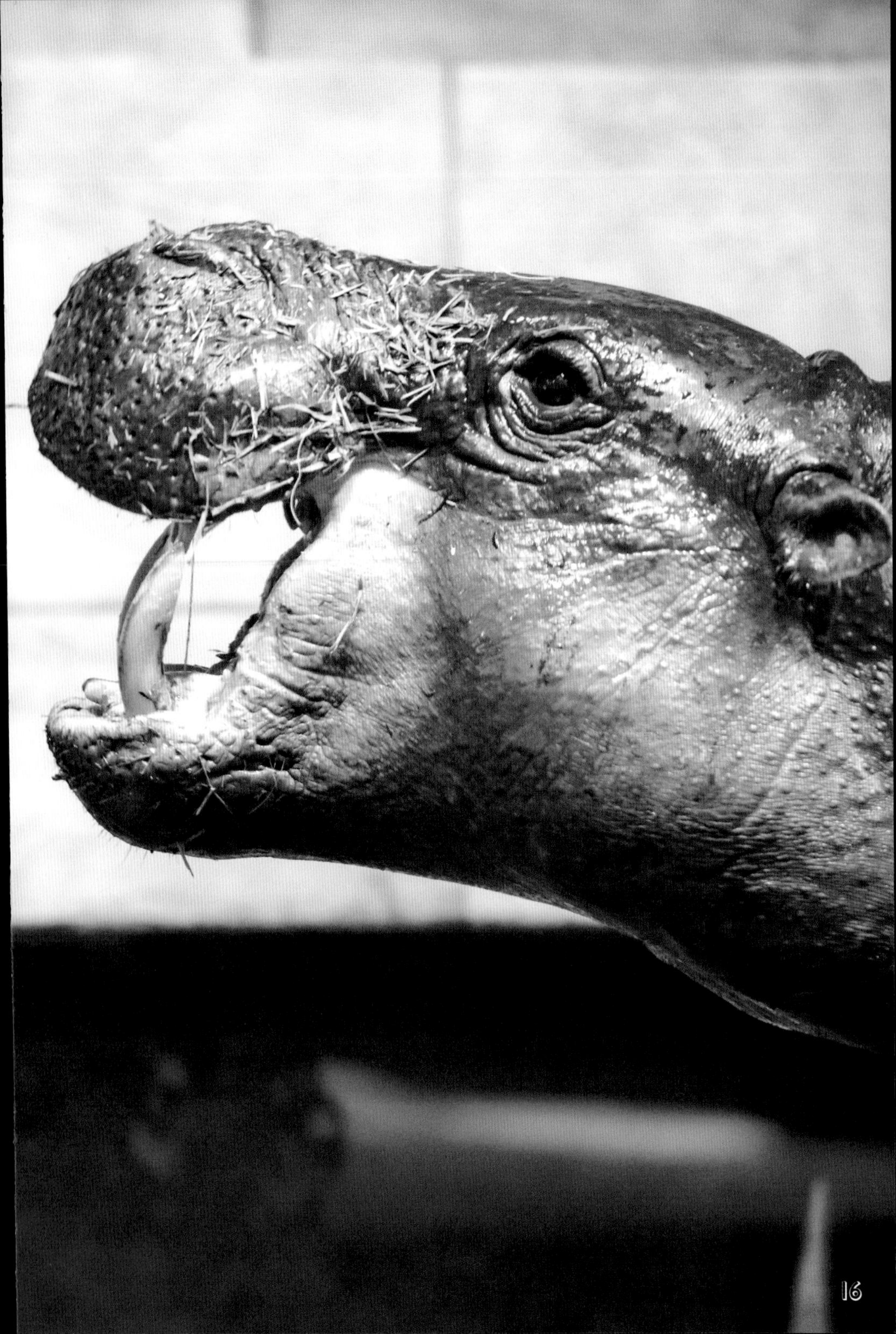

PROLOGUE MODELS

P2／P3／P10／P11上　コユリ（名古屋市東山動植物園）
P4-5／P12／P13　名前非公表（アドベンチャーワールド）
P6-7　ミライ（名古屋市東山動植物園）
P8／P9／P11下　ヒカル（いしかわ動物園）
P14／P15　ノゾミ＆赤ちゃん（いしかわ動物園）
P16-17　フルフル＆タムタム（NIFREL ニフレル）
※（　）内は撮影時に各個体が所在していた施設

CONTENTS

ブックデザイン　米倉英弘（細山田デザイン事務所）
写真（国内6施設）　清水知恵子
構成・編集　ピースフル・ピーセズ

野生のコビトカバ

コートジボワール、ギニア、リベリアなどアフリカ西部に生息する野生のコビトカバ。減少が著しく、絶滅したと考えられる地域も。ここでは自然の中での貴重なショットをご紹介。表情もしぐさもやはりどことなくワイルド!?

VISUAL GALLERY
野生のコビトカバ

野生のコビトカバ

DISCOVERY STORY

リベリアにはヤギくらいの大きさのカバがいる——そんな報告が最初に欧米に届いたのは1840年代。西アフリカにリベリアが建国された時代までさかのぼります。

コビトカバの学名である「*Choeropsis liberiensis*」の属名「*Choeropsis*」は「イノシシに似た動物」、種小名「*liberiensis*」は「リベリアの」という意味ですが、後者が示すようにコビトカバはまずリベリアで〝発見〟されたのです。

その後、謎の動物の頭骨はアメリカの現在のペンシルベニア大学関係者のもとに届けられ、それを調べた動物学者は頭骨の持ち主がカバの小型種ではなく祖先形であることに気づきます。しかし当時の学会の研究者の多くはその説を認めず、あくまでも何らかの原因により小型になったカバであると考えました。これは次世紀まで続くことに

なります。

１９００年代に入ると、ドイツの動物商カール・ハーゲンベックが西アフリカの先住民の古い伝承に注目しました。現地の森の中には角を持つ「センゲ」とブタに似た「ニベクヴェ」という黒い生き物がいるというのです。ここからセンゲは牙を角と見間違えられたモリイノシシではと考えた彼は、もう一方のニベクヴェの正体に迫るべく１９１０年から捜索を開始します。

翌１９１１年、捜索隊は密林を横断中、探し求めていた動物に出会います。そして１９１３年にはついに生きたその個体の捕獲に成功したのでした。

しかし以降、野生のコビトカバ研究は条件の難しさからそれほどなされてきませんでした。とはいえ研究技術の進歩などにより、その謎は今後も〝発見〟↓解明され続けることでしょう。

もっと知りたい！コビトカバのこと

まずはここから…の基礎知識

コビトカバとはいったいどんな動物なのか――?

その外見に続いては、生息環境、生態や体のつくり、カバとの違いや類似点など、気になる特徴に迫ってみましょう。

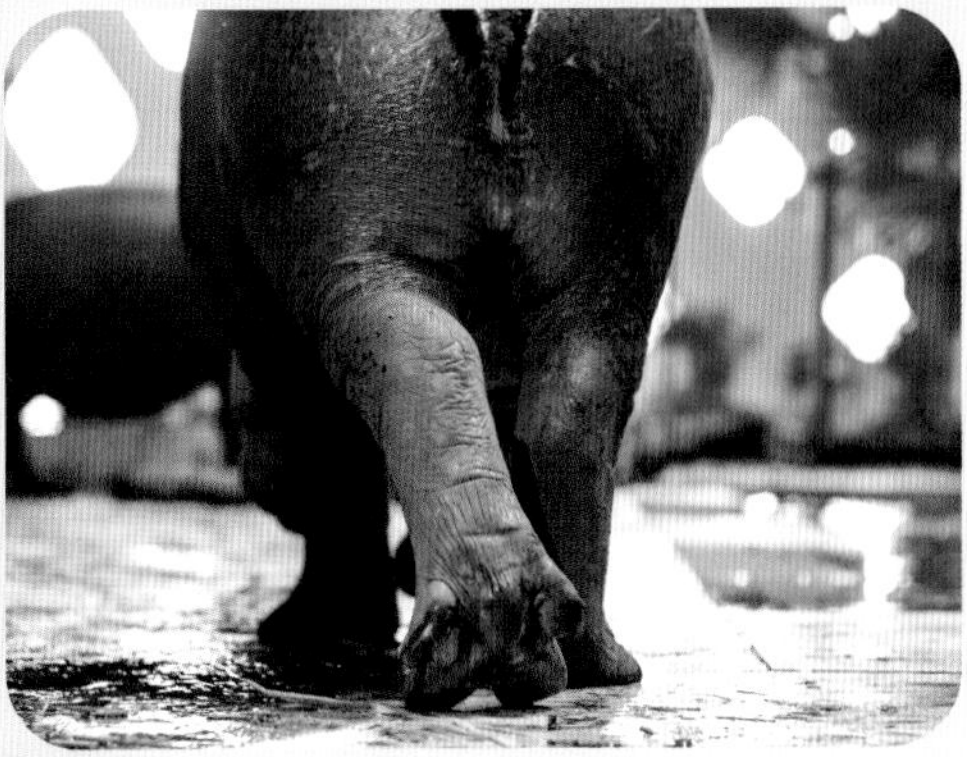

細部の
形状は？

食事
は？

生息地
は？

カバとの
違いは？

分類と分布

実はカバの祖先？の「生きた化石」

コビトカバは鯨偶蹄目カバ科コビトカバ属に分類され、学名は「*Choeropsis liberiensis*」。英名は「Pygmy hippopotamus」、中国名は「小人河馬」で、日本では和名の「コビトカバ」に加え、「ミニカバ」「リベリアカバ」と呼ばれることもあります。

なお「鯨偶蹄目」は長年別のグループと考えられてきた「ウシ目（偶蹄目）」とクジラやイルカを含む「クジラ目」が遺伝子解析により同じ仲間であることがわかったことで生まれた系統分類。ちなみにウシ目に分類されていた動物たちは偶蹄類ともいわれ、これはその形態をよく表すため現在も目にすることが多い有蹄獣の総称のひとつです。踵を浮かせ爪だけをついた状態で直立し歩行する「蹄行性」が特徴で、現生するのは約１５０種。イノシシ、ペッカリー、カバ、ラクダ、マメジカ、シカ、キリン、プロングホーン、ウシの9科に分けられ、カバ科はコビトカバとカバの2種で構成されています。コビトカバ属はコビトカバのみです。

野生は絶滅の危機に

コビトカバは種小名にもなっているリベリアのほか、コートジボワール、ギニア、シエラレオネなどに分布していますが、かつて生息していたナイジェリア、マダガスカルでは絶滅したと考えられています。現在野生の個体は３０００頭以下とみられており、絶滅に瀕した動物として国際的自然保護機関であるＩＵＣＮのレッドリスト（Ｐ１２２）にも掲載されています。

絶滅や個体数激減の理由としては、開発による生息地の環境破壊、水質汚染、食用や狩猟の戦利品を目的とした乱獲などが挙げられます。

野生では絶滅の危機に瀕しているものの飼育下ではよく適応。世界の約130の動物園が保護増殖に取り組んでおり、日本でも6施設が飼育中。

コビトカバの生息地

図のように野生のコビトカバの分布域は非常に狭い。ナイジェリアでは亜種ナイジェリアコビトカバも絶滅した可能性が高いとみられている。

生態

水陸ＯＫ仕様、でも中心は陸上

西アフリカの熱帯雨林内、限られた地域のみに生息するコビトカバ。同じカバ科のカバが水中にいることが多いのに対し、陸棲傾向が強いのが特徴です。生息域では湿度が高いため水浴びは特に欲しないのか、野生下では水中に入るのは危険を感じたりしたときが多いようですが、水中で巧みに活動することも可能です。また、群れで行動することの多いカバに対し、コビトカバは単独かペア、もしくは親と子からなる家族で生活しています。

食性は草食性で、採食するのは水生植物、木の葉（落ち葉も）、草、コケ、地下茎、果実など。飼育施設では牧乾草、ペレットなどをベースに、栄養や食感などに配慮して給餌するそうです。

本来は夜行性なので昼間は森の中の湿ったところなどで眠り、夜になると動き出して採食を行います。飼育下では食餌時間などの関係もあり日中もかなり活動しているものの、やはりとろとろまどろむ姿がよく見られます。

飼育下では肌の乾燥対策も

なお、コビトカバとカバの両者に共通なのが皮膚は乾燥に弱いという点です。動物園のコビトカバを観察すると、冬場など乾燥している時季は特に、ひび・あかぎれのような状態になって血がにじんでいることも。飼育施設では予防策のひとつとしてオリーブ油を塗布したりしています。

そのほか動物園の注意書きなどにもある来場者をギョッとさせる生態が、オスの個体による糞の周囲へのまき散らし。彼らは水中での排泄も好み、そこでも尾をぐるぐる回して攪拌しますが、これは野生では水を濁らせることで敵から身を隠すためなのだとか。

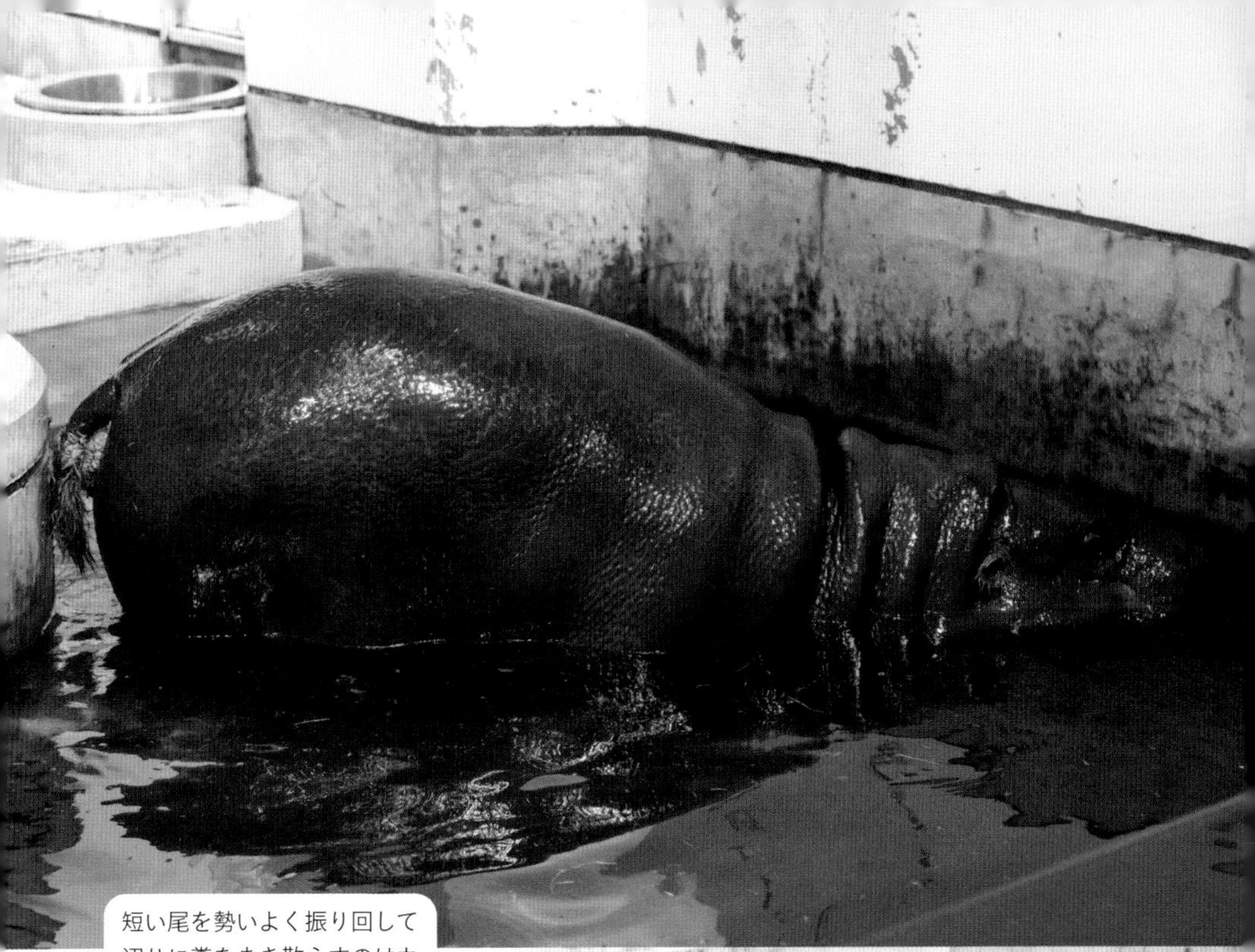

短い尾を勢いよく振り回して辺りに糞をまき散らすのはカバも同様。これは採食で遠出をする際、所々ににおいをつけ、道しるべとして利用するため。

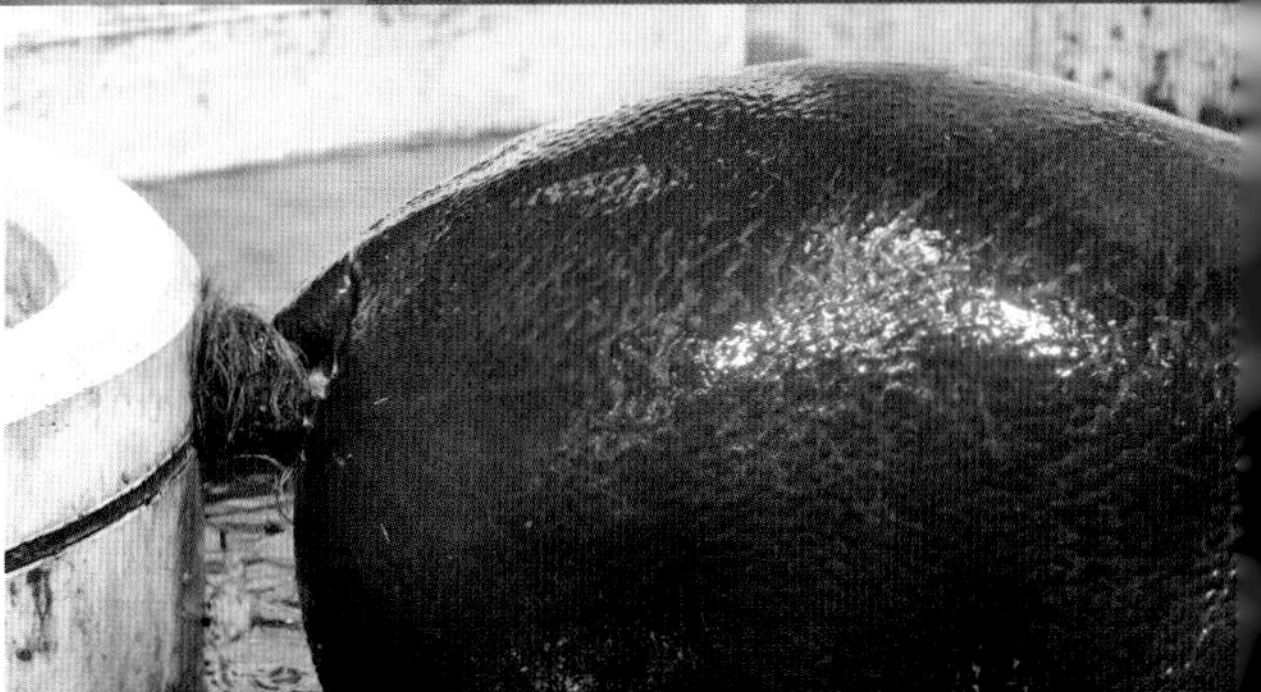

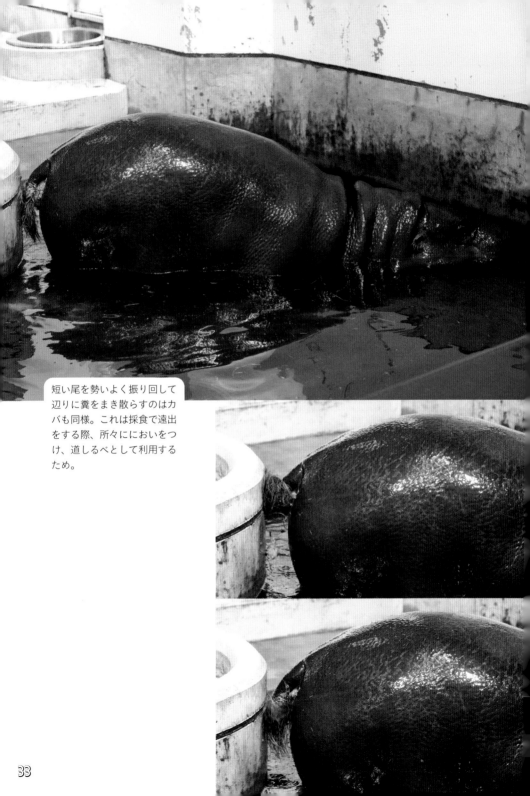

基礎知識 3

体のつくり

水中より陸棲に有利な特徴を持つ

大人のコビトカバのサイズは体長150~170センチ、肩高(足先から肩までの高さ)70~80センチ、体重160~240キロ(東京ズーネット「どうぶつ図鑑」より)。頭部をはじめ、体全体が丸みを帯びています。

体は背面が黒灰色で、腹面は灰がかった淡黄色。カバに比べると全体的に体色が濃いのは、地上にいることが多いため森の中などで保護色となるからなのかもしれません。

皮膚についてのもうひとつ大きな特徴が、動物の多くは皮膚が体毛で覆われているものの、コビトカバやカバはそうではないという点。ただ部分的には体毛やひげのように見える長い毛が見られます。

次にパーツに注目してみましょう。目はカバほど突出しておらず、鼻孔は前方に開口することがわかります。短めのそれぞれの足の先には指が4本ずつ。コビトカバの属する偶蹄類は親指は退化して指の数は偶数であることが特徴です。なお偶蹄類の種は同じく蹄行性のウマなどの奇蹄類と外見こそ似ていますが体のしくみは異なります。

水中での移動方法

また、コビトカバの指には水かき状のものはありませんが、目視は難しいものの、カバには中央の2本の指の間に水かきの役割を果たす被膜があるのだとか。これは水中生活が増えたことによりカバが進化上得た形態のひとつのようです。

ちなみにP92などの写真からも少しうかがえますが、水中を移動する際は泳ぐというよりは後ろ足を浮かせ、主に前足を使って歩くコビトカバ。機会があれば是非観察してみてください。

耳には細かい毛が生えている。ちなみに水中で過ごすことの多いカバの耳と鼻孔は閉じることができ、水が入ってこないつくりになっている。

コビトカバの前足、後ろ足はともに蹄《ひづめ》（有蹄類の爪）も4個の偶数。体重は主に第3、第4指にかかる。

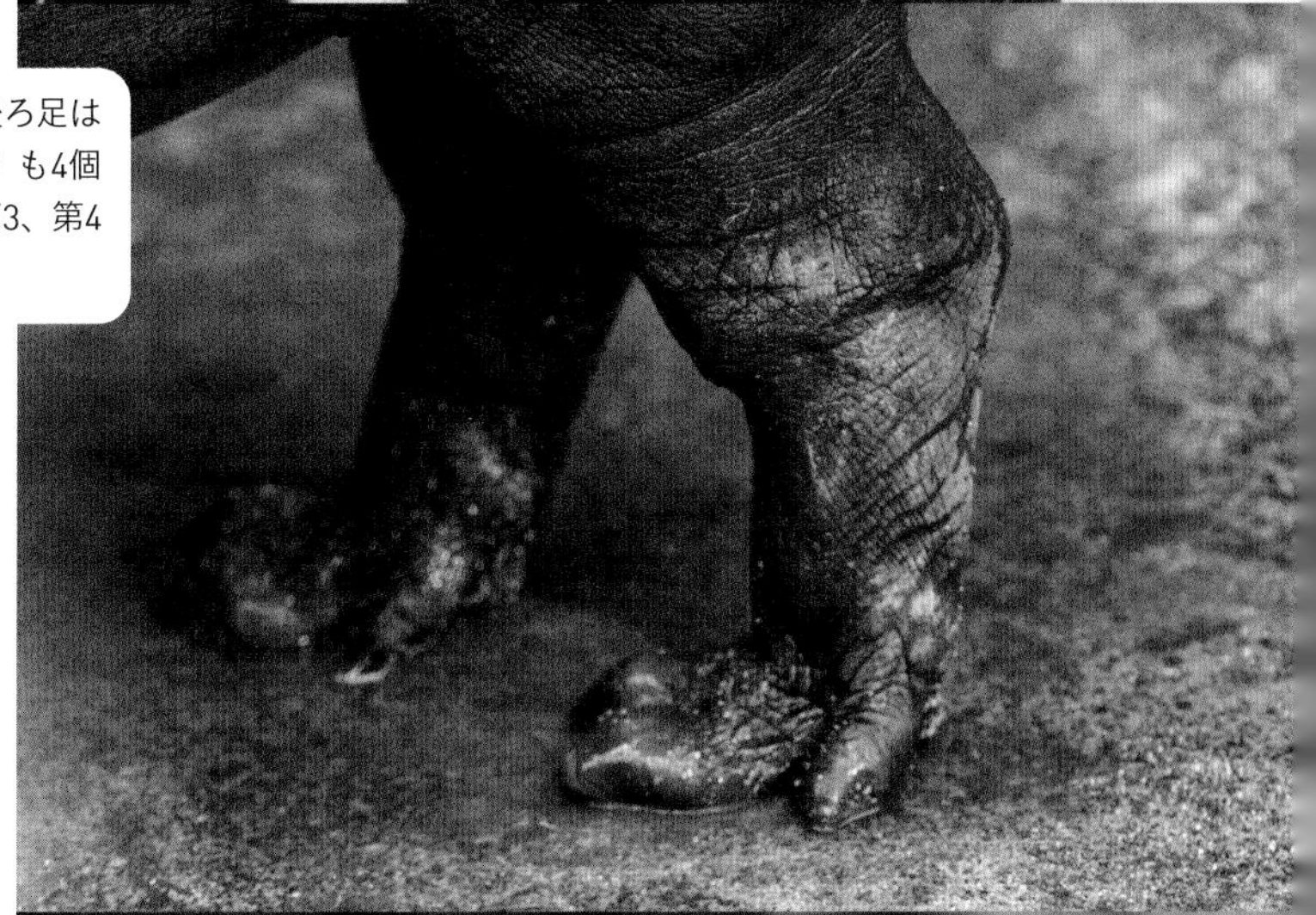

皮膚の表面に見られる分泌腺。紫外線などから皮膚を守るための液を分泌する。そのほか乾燥を防ぐ方法としては水浴びをする姿もよく見られる。

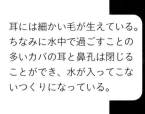

基礎知識
4

生殖と子育て

カバとは異なるスタイルで

一説によれば、野生のコビトカバの寿命は15～20年。これは他の動物にもいえることですが、飼育下の管理された環境ではかなり延びる傾向があります。

その繁殖形態は胎生で、妊娠期間は１８０～２１０日。１回に産むのは通常１頭（ごくまれに双子も）で、出産も哺乳も陸上で行われます。

子育ては基本的に母親が行い、父親は関わりません。そのため飼育下では、子育て終了までの期間、母親と赤ちゃん、父親の生活エリアを分け、時間帯で展示を交代して行う施設もあります。いずれにしても母親と行動する赤ちゃんの姿は来場者の人気のマトです。

ペア生活→群れ生活へ

コビトカバの生息地での様子については、発見からの歴史が浅く、環境的に研究が難しかったこともあり、はっきりとはわかっていません。しかしカバと比較することで、彼らの祖先が環境などにより生態や体の形態を変化させてきたことがわかります。

陸上派のコビトカバに対し、カバの出産は、水中です。交尾や授乳も水中で、これは陸上では大きな体をうまく動かすことが難しいからのよう。なおカバは10～20頭からときに１００頭以上になる群れを作って生活しますが、子の面倒は群れの構成員が共同でみます。採食スポットや、日中の生活場所である水辺には群れごとの縄張りがあり、発情期が近づくとその縄張りをめぐってオス同士が威嚇しあい、激しく争うことも。ちなみに水中に群れているとき、たがいに体を寄せあいイモ洗い状態になっていたりするのは安心感を得るためとみられています。

大きな体を寄せあう野生のカバの群れ（写真上）と、柵越しにやりとりする東山動植物園のコビトカバペア、コユリとミライ（写真下）。

基礎知識 5

カバとの違い

サイズ以外も いろいろな相違点が

大きさ比較図（P29、東山動植物園にて）からもわかるように、大人でもカバの子どもサイズのコビトカバ。サハラ砂漠以南のアフリカに生息するカバは陸上動物ではゾウに次ぐ体重を誇る重量級。よけい小さく見えるのかもしれませんが、そもそもカバはどうしてこれほど大きくなったのでしょう。その理由のひとつに、コビトカバは森林、カバは草原に生息するということがあります。草原に生えるイネ科の植物は消化しにくいため、そこで生活する動物は大型になる傾向があるのです。大型化や群れをなすことは天敵に対抗する適応でもあり、双方を満たすカバの〝強さ〟がうかがえます。

ただその大きさ（重さ）ゆえカバにとって陸上生活は負担が大きく、特に暑い日中は水に浮かんだり浅瀬でいねむりしたりと水辺を離れることはほぼありません。そして巨体を維持するため大量の餌が必要なカバは、夜になると水辺から3キロほど移動しながら4〜6時間かけて採食。ときに10キロ先まで遠出することもあるのだとか。

パーツの位置に注目

そんな両者の形態を比べると、耳と目、鼻の位置関係に特徴が見られます。主に水中で過ごすカバの耳と目と鼻は真っ先に水面から出るよう、頭の上の方に一直線に並ぶ配置となっています。

また、カバには体温を調節する汗腺や皮膚腺の代わりにピンク（赤）に見える液体を分泌する腺があります。カバが「血の汗をかく」といわれたゆえんです。この液体には紫外線や細菌から皮膚を守る働きがあるといわれています。コビトカバの出す白い粘液も同じ役割を果たすものです。

コビトカバ

動物園では両者の違いなどを解説してくれるガイドツアーがあることも。

カバ

コビトカバ

カバ VS コビトカバ

コビトカバ（学名：*Choeropsis liberiensis*）体長1.5〜1.7m、肩高0.7〜0.8m、体重160〜240kg 実際見ると体格の違いは歴然！

カバ

もっとくらべてみよう！

カバ（学名：*Hippopotamus amphibius*）体長3.3〜4.6m、肩高1.4〜1.65m、体重♂2000〜4000kg、♀1200〜1600kg

日本で会える！コビトカバたち

次のページからは国内6スポットで会うことのできる31歳から1歳までの13頭のコビトカバたちが年齢※順に登場。それぞれの施設の飼育担当者による性格や特徴などのわかるコメントもあわせてお送りします。

東京都恩賜上野動物園で会える！

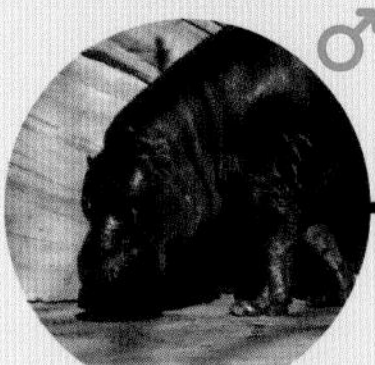

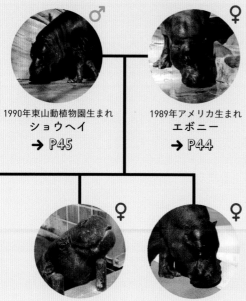

♂ 1990年東山動植物園生まれ
ショウヘイ
➔ P45

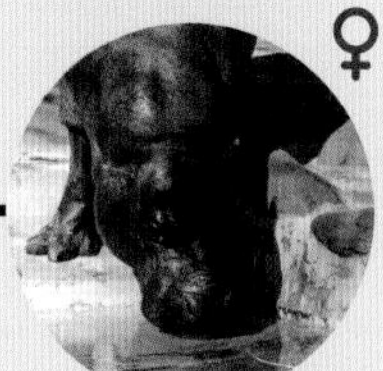

♀ 1989年アメリカ生まれ
エボニー
➔ P44

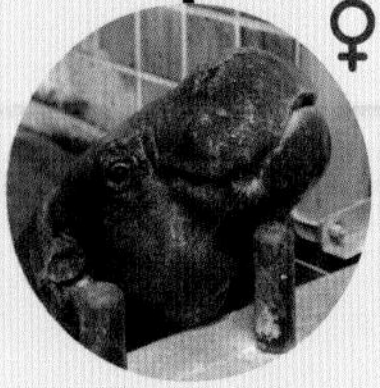

♀ 2003年上野動物園生まれ
モミジ
➔ P47

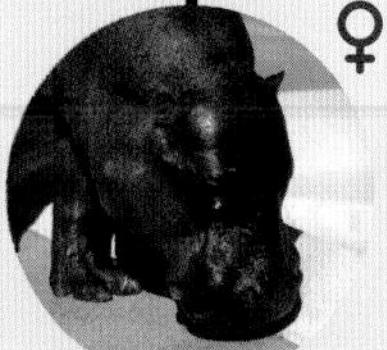

♀ 2011年上野動物園生まれ
ナツメ
➔ P52

NIFREL《ニフレル》で会える！

♂ 2013年チリ生まれ
モトモト
➔ P54

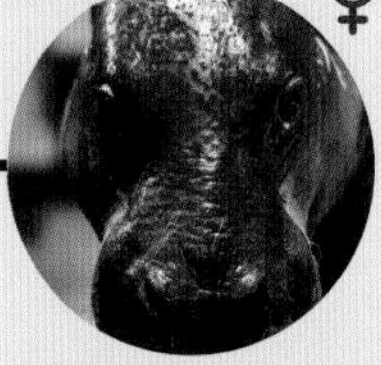

♀ 2012年シンガポール生まれ
フルフル
➔ P53

※P44〜56に記載の年齢は2020年の誕生日を迎えた時点での満年齢

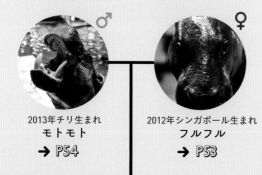

国内のコビトカバ相関図

（2020年7月現在）

いしかわ動物園で会える！

♂

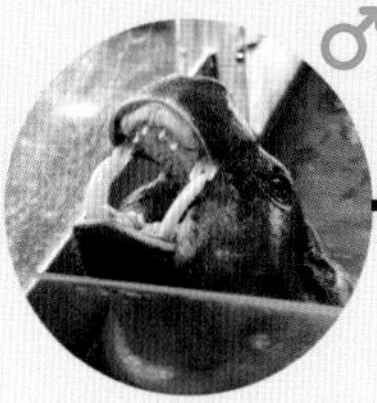

2010年シンガポール生まれ

ヒカル

→ P50

♀

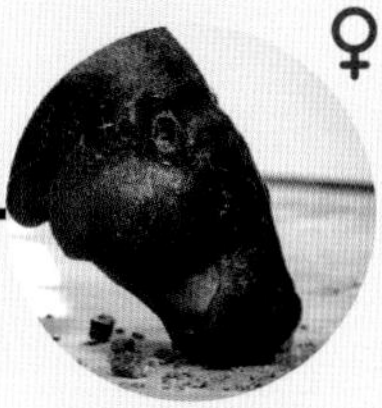

2010年オランダ生まれ

ノゾミ

→ P51

♂

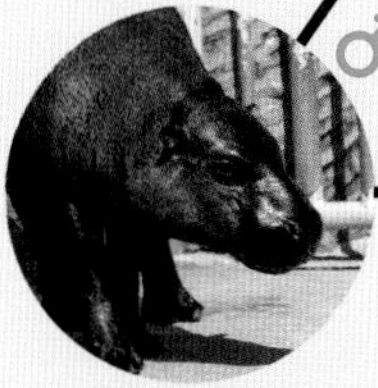

2016年いしかわ動物園生まれ

ミライ

→ P55

♀

2009年上野動物園生まれ

コユリ

→ P49

名古屋市東山動植物園で会える！

♀

2001年上野動物園生まれ

→ P46

アドベンチャーワールドで会える！

♀

2006年上野動物園生まれ

コウメ

→ P48

♂

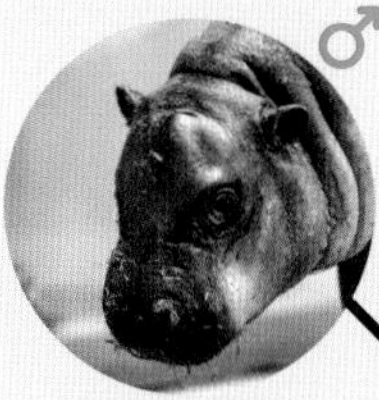

2019年ニフレル生まれ

タムタム

→ P56

神戸どうぶつ王国で会える！

STAFF
COMMENTS

エボニーは…

「現在上野動物園のコビトカバの年長者で、8頭の子を産んだお母さんでもあります。落ち着きのある優しい個体です」

エボニー ♀ 31歳

1989年12月1日生まれ
出生地　セントルイス動物園（アメリカ）
会える！施設　上野動物園（➔P58）

STAFF
COMMENTS

シヨウヘイは…

「生まれつき左後肢にケガがありますが元気な個体。性格はとてもおおらかで皮膚の治療のためオリーブ油を塗っても嫌がりません」

シヨウヘイ ♂ 30歳

1990年11月19日生まれ
出生地　東山動植物園
会える！施設　上野動物園（➔P58）

STAFF COMMENTS

「昔は少し気性が荒かったようですが、比較的大人しい性格です」

♀ 19歳　※アドベンチャーワールドでは名前は非公表となっています。

2001年4月24日生まれ

出生地　上野動物園

会える！施設　アドベンチャーワールド（➔P104）

STAFF
COMMENTS

モミジは…

「ショウヘイとエボニーの間に生まれた個体。警戒心が強いです」

モミジ ♀ 17歳

2003年11月20日生まれ

出生地　上野動物園

会える！施設　上野動物園（➔P58）

STAFF COMMENTS

コウメは…
「マイペースなところもありますが、愛嬌があります」

コウメ ♀ 14歳

2006年1月28日生まれ

出生地　上野動物園

会える！施設　神戸どうぶつ王国（➔P112）

STAFF
COMMENTS

コユリは…

「時折ミライを気にするときはあるものの、ほぼマイペースで自己中心的。餌に対しての執着は人一倍です」

コユリ♀ 11歳

2009年6月22日生まれ

出生地　上野動物園

会える！施設　東山動植物園（➔P70）

STAFF COMMENTS

ヒカルは…

「のんびりした性格で、マイペース。顔もぼーっとした印象です。立派な牙と、首元がピンク色なのが特徴。時々、壁に手をかけて立ち上がります」

ヒカル♂ 10歳

2010年11月1日生まれ

出生地　シンガポール動物園

会える！施設　いしかわ動物園（➔P82）

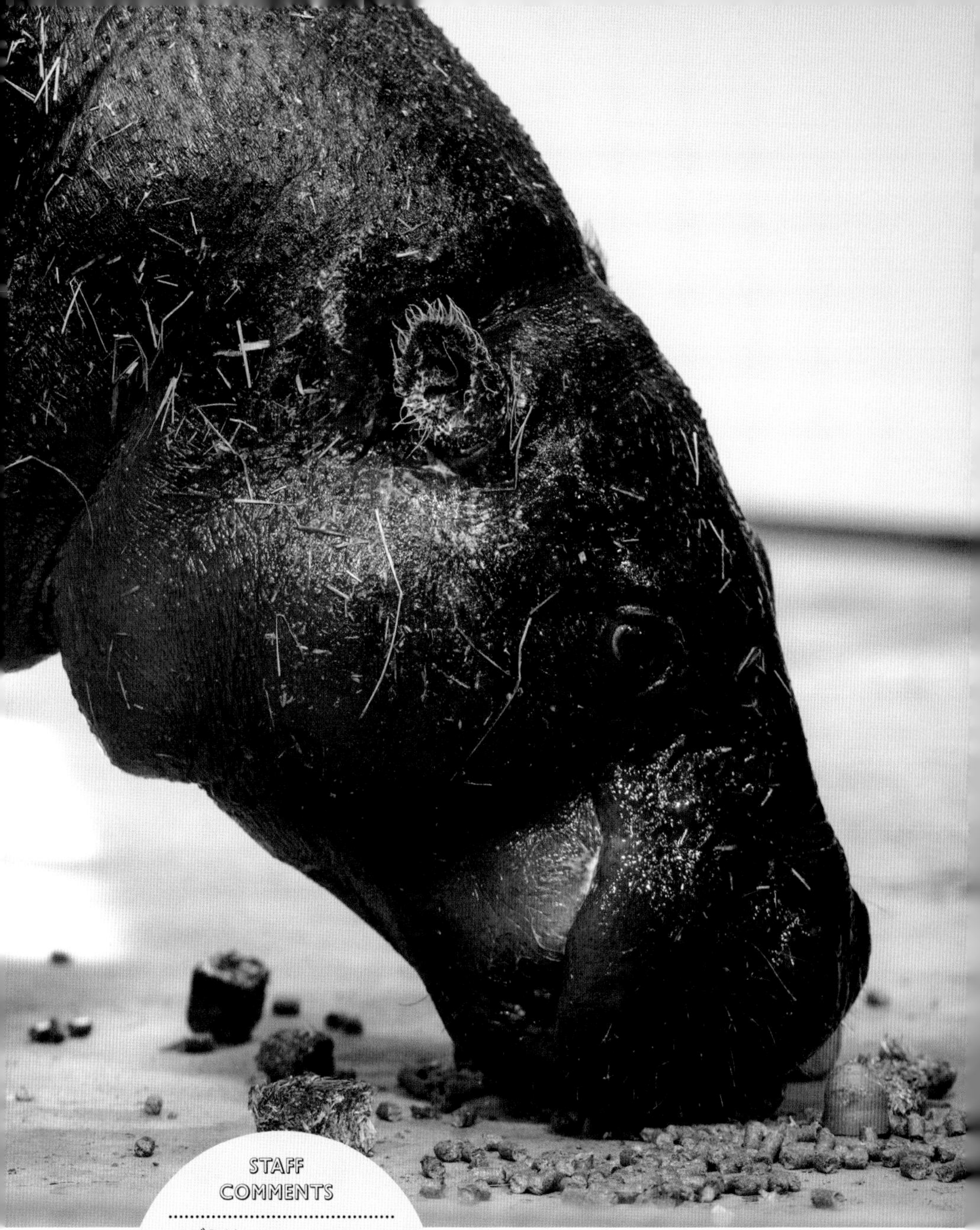

STAFF COMMENTS

ノゾミは…

「人懐っこい性格で、人に対して寛大。かわいい顔が特徴です。母としては子煩悩で、しっかり子育てをします」

ノゾミ ♀ 10歳

2010年11月23日生まれ

出生地　オーフェルローン動物園（オランダ）

会える！施設　いしかわ動物園（➔P82）

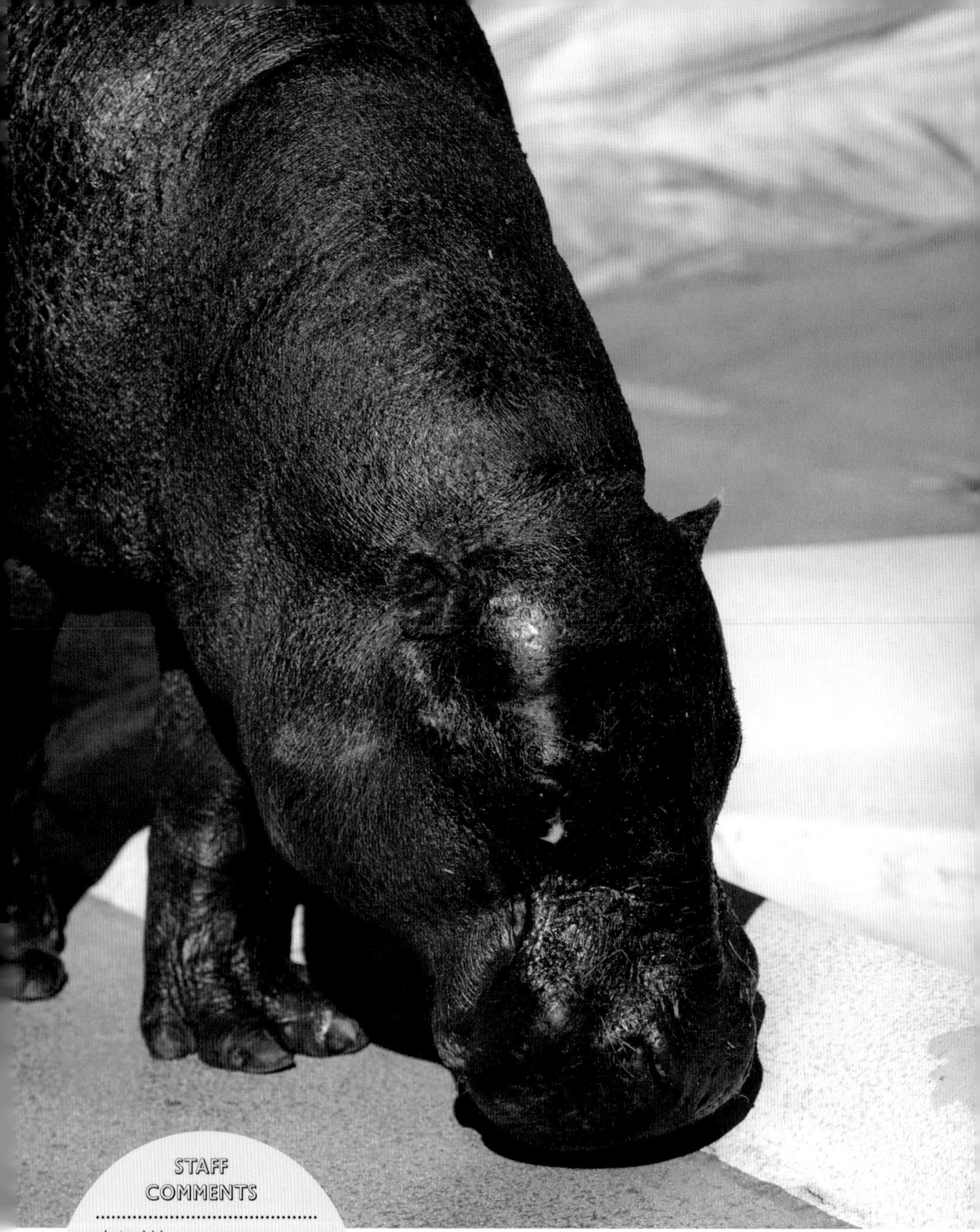

STAFF
COMMENTS

ナツメは…

「ショウヘイとエボニーの第8子。他の個体に比べて採食の好き嫌いがあります」

ナツメ ♀ 9歳

2011年6月22日生まれ

出生地　上野動物園

会える！施設　上野動物園（➔P58）

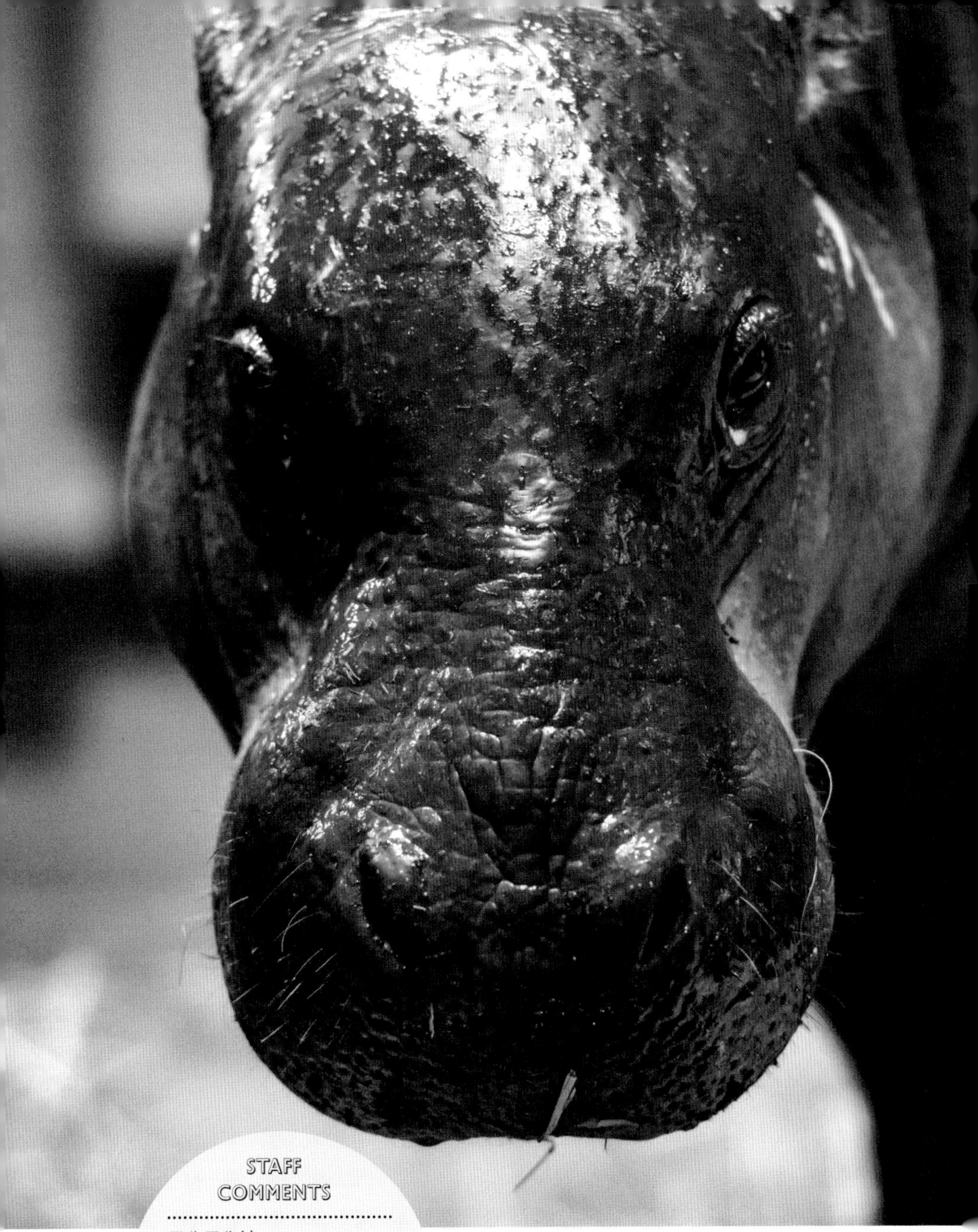

STAFF
COMMENTS

フルフルは…

「モトモトよりキビキビしています。何でもよく食べます。喉の下がピンクです」

フルフル ♀ 8歳

2012年12月17日生まれ
出生地　シンガポール動物園
会える！施設　NIFRELニフレル（➔P90）

STAFF COMMENTS

モトモトは…

「マイペースで、好き嫌いが多いです。キュレーターに触られるのが好きです」

モトモト♂ 7歳

2013年7月9日生まれ

出生地　ブイン動物園（チリ）

会える！施設　NIFRELニフレル（➔P90）

ミライ♂ 4歳

2016年12月23日生まれ

出生地　いしかわ動物園

会える！施設　東山動植物園（➔P70）

STAFF COMMENTS

ミライは…

「コユリを親のように慕い、コユリと同じ行動をするときがあります。また、寝ているときに鼻ちょうちんをつくることもあります」

STAFF
COMMENTS

タムタムは…

「マイペースでなんでもよく食べます。顔は父親のモトモト似です」

タムタム ♂ 1歳

2019年2月21日生まれ

出生地　ニフレル

会える！施設　神戸どうぶつ王国 （➔P112）

コビトカバに会える日本の施設ガイド

国内全6スポットの13頭を大紹介!

ここでは世界的にも貴重な動物であるコビトカバがいる国内の施設とそこでの飼育のあゆみ、日々の様子などを飼育展示に携わる現場の方々のお話とともに見ていきましょう。

東京都恩賜上野動物園

とうきょうとおんしうえのどうぶつえん

サイト：https://www.tokyo-zoo.net/zoo/ueno/

Twitter：@UenoZooGardens

1882年3月20日開園の日本初の動物園。50年近く前に初来園を果たし、以降愛され続けるジャイアントパンダをはじめ、約350種の動物たちがいます。

所在地：東京都台東区上野公園9-83
開園時間：9時30分〜17時（入園は16時まで）
休園日：月曜日（月曜日が国民の祝日や振替休日、都民の日の場合はその翌日が休園日。12月29日〜翌年1月1日）
※新型コロナウイルス感染症対策のため、開園時間・入園方法等が変更されています。
上記サイトをご確認ください。

350種2500の多種多様な動物に会える上野動物園。4頭のコビトカバたちに会えるのは西園で、お隣にはカバが。

ここで会える！のは…

エボニー　ショウヘイ　モミジ　ナツメ

例年日本最多の来園者数を誇る園

上野恩賜公園内にある東京都恩賜上野動物園（以下、上野動物園）は、国内外から多くの人が訪れる日本一有名な動物園。巨樹が生え繁る丘陵地に位置する東園と、天然池である不忍池の一部（鵜の池）を含む西園からなり、都心部ながら豊かな自然と景観を維持する都会のオアシスです。

敷地内には国の重要文化財の旧寛永寺五重塔、藤堂高虎が建て1878年に再建された閑々亭、日本型ベルサイユ建築の面影を残す旧正門、日本最初のサル山など貴重な建造物も。歴史ある園ならではの見どころも点在しています。

東京都恩賜上野動物園
コビトカバ飼育のあゆみ

1958(昭和33)年 飼育舎完成

「生息域が同じ動物はなるべく園内でも近い場所で観察できるようにとの意図から、アフリカ生態園を完成させました。飼育動物の充実をはかるためにコビトカバの飼育も予定していたものの、しばらく個体が確保できず新築早々空家となっていました」

1960(昭和35)年 飼育スタート

「飼育舎の完成から2年後の1960年7月、待ちに待ったコビトカバがヨーロッパからドイツ船のハンブルグ号に乗って横浜に到着、すぐに上野に運ばれてきました。このとき来園したのはスイス生まれのメス1頭です」

1961(昭和36)年～
個体の来園が続く

「その後、記録によると1961年、1972年、1993年に個体を搬入。1962年、1964年には繁殖もしています」

現在の4頭は…

「1989年生まれで最高齢のエボニーは1990年生まれのショウヘイとの間に8頭の子を産んでいます。モミジはその第5子、ナツメは第8子です」

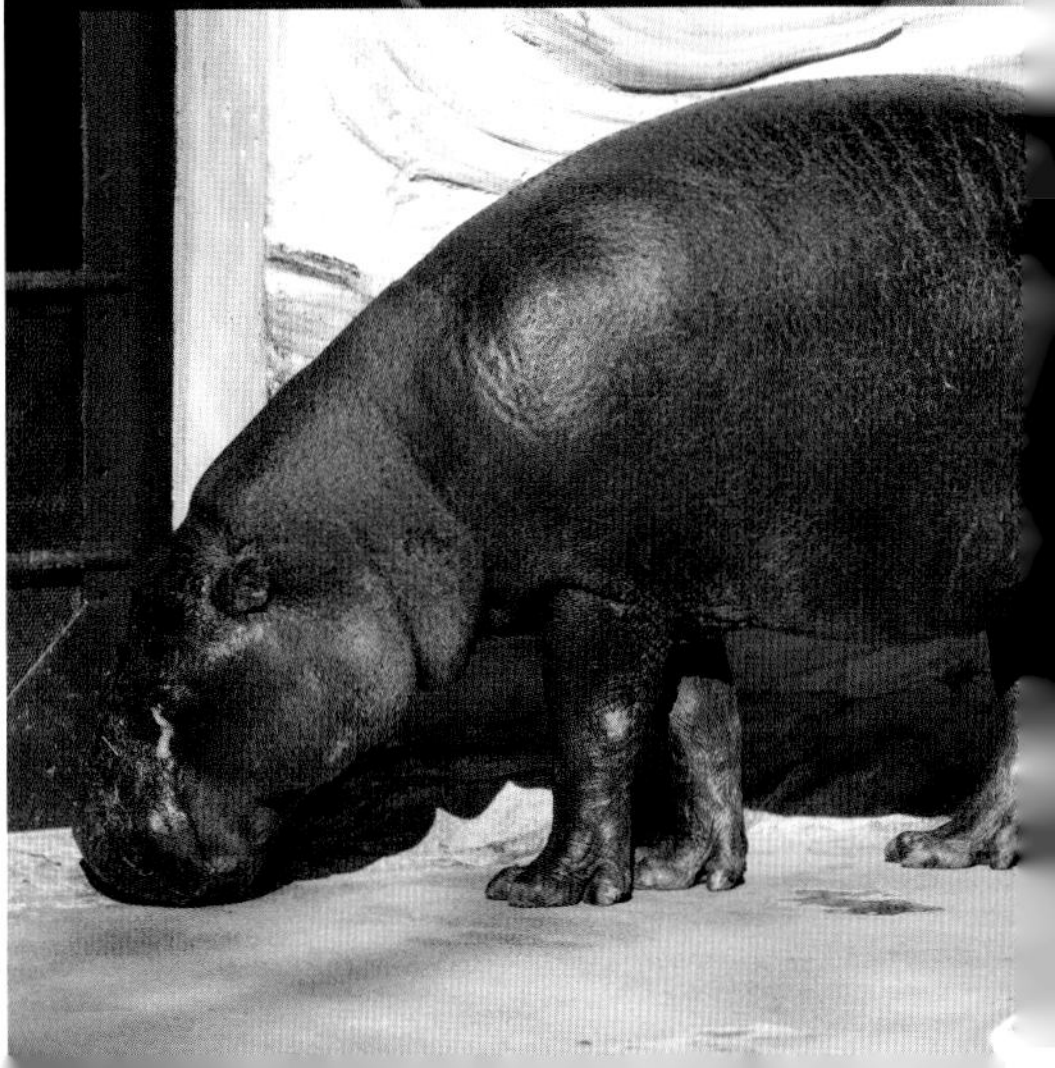

現在日本で最高齢のエボニー（写真上）は1993年3月に米セントルイス動物園から、ショウヘイ（写真右）は1991年12月に東山動植物園から来園。彼らの間に生まれた8頭のうち現在上野動物園で会えるのはモミジ（写真中）とナツメ（写真左）。そのほか国内にはコウメ、コユリなどがいる。

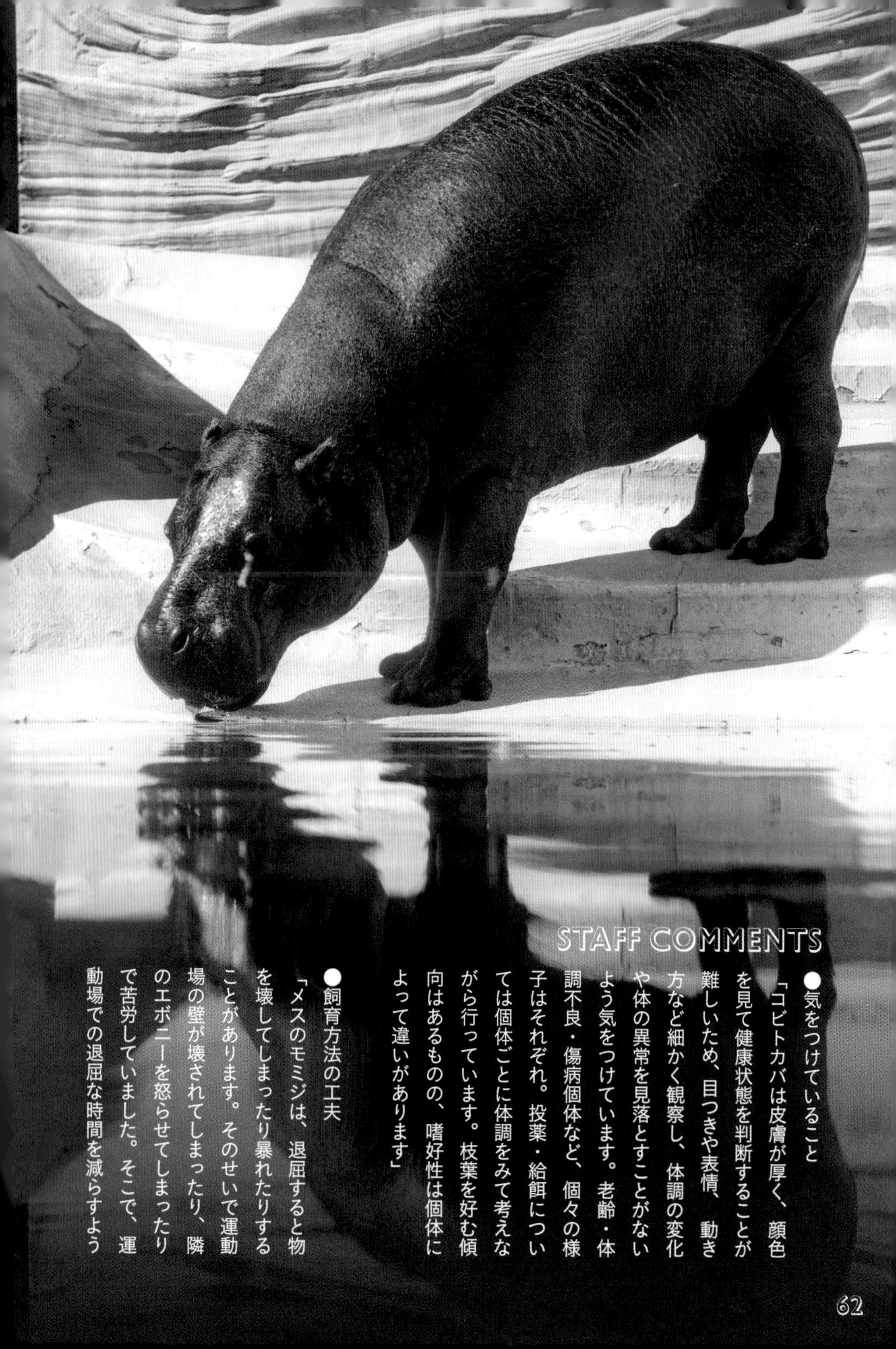

STAFF COMMENTS

●気をつけていること

「コビトカバは皮膚が厚く、顔色を見て健康状態を判断することが難しいため、目つきや表情、動き方など細かく観察し、体調の変化や体の異常を見落とすことがないよう気をつけています。老齢・体調不良・傷病個体など、個々の様子はそれぞれ。投薬・給餌については個体ごとに体調をみて考えながら行っています。枝葉を好む傾向はあるものの、嗜好性は個体によって違いがあります」

●飼育方法の工夫

「メスのモミジは、退屈すると物を壊してしまったり暴れたりすることがあります。そのせいで運動場の壁が壊されてしまったり、隣のエボニーを怒らせてしまったりで苦労していました。そこで、運動場での退屈な時間を減らすよう

もっと！
現場担当者に聞く コビトカバのこと

ここではコビトカバたちと日々向き合う飼育担当者の方に、担当前と後で印象が変わったこと、新たな発見など、彼らへの個人的な想いをうかがいました。

「コビトカバ飼育に従事するのは2回目（当時は副担当）です。初めて副担当となった20年前は、コビトカバというとミステリアスな“珍獣”の印象が強く、飼育も大変そうだなと感じていました。それがしばらくすると、とても表情豊かで喜怒哀楽があり、個性もはっきりしている動物だという印象に変わりました。

ちなみに最初の担当時はショウヘイとエボニーはいましたが、モミジとナツメはまだ生まれていませんでした。ショウヘイとエボニーの基本的な性格はほとんど変わっていないものの、当時と比べると動きがゆっくりになった印象はあります」

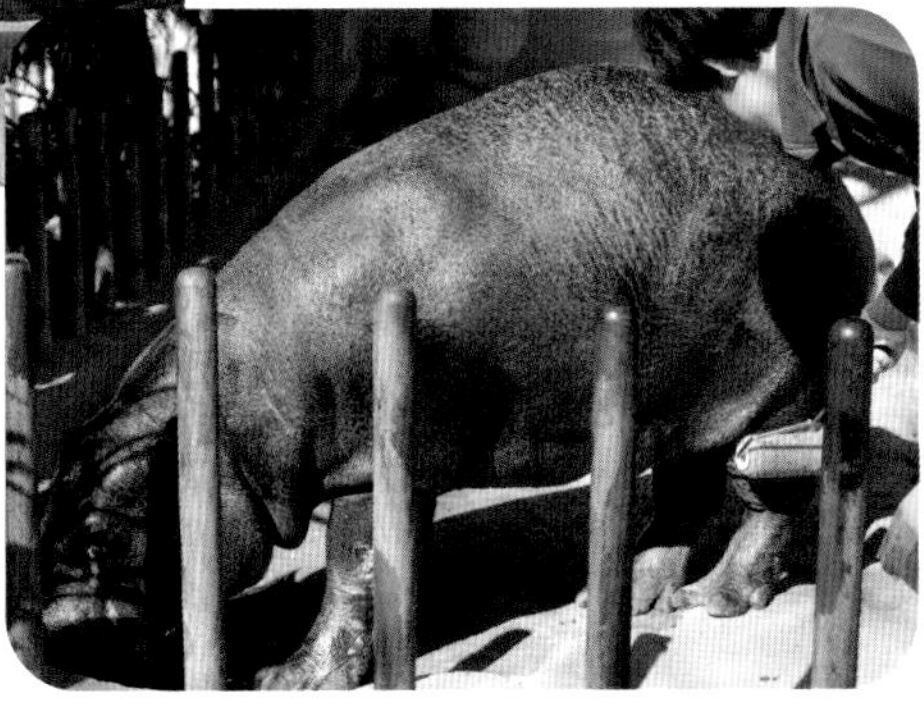

乾燥を防ぐため、一日3回体にオリーブ油を塗布。どの個体もおとなしく塗られる姿が見られる。

に、給餌器（フィーダー）を入れたり、時間をかけて食べてくれる枝葉を与えたりしたところ、退屈な時間が減ったようです（楽しんでいるかはわかりませんが……）」

コビトカバの一日
〈東京都恩賜上野動物園編〉

ここでは上野動物園の場合を例に、飼育施設でくらすコビトカバたちが一日をどのように過ごしているのかを駆け足で見ていきましょう。野生のコビトカバは夜行性ですが、動物園にいる個体はその環境に慣れているため日中も活動。季節にもよるものの、好きなのは日光浴。夏季はプールで水浴、冬季はひなたの陸地でよく眠るそうです。

9時ごろ 出舎（屋外へ）

おやつに夢中（写真上）。生き生きとした表情や枝をかみ切る音、食べ方などを近くで体感できるひととき。昼下がり、扉が開くのを合図に屋内へ（写真下）。

園路から動物までの距離が近く柵も低いコビトカバ舎。おかげで表情や動きなどが観察しやすいが、注意書きにもあるように「おしりを向けたら要注意!」。

給餌について

種類と量：青草1.5キロ・チモシー1キロ・ヘイキューブ1キロ・固形飼料0.8キロ・おから1キロ・葉付き枝0.8キロ（時期により変更あり）

※チモシー：乾草の一種　ヘイキューブ：乾草をキューブ状に固めたもの

これらを1日2〜4回（時間は不規則）に分けて給餌します。

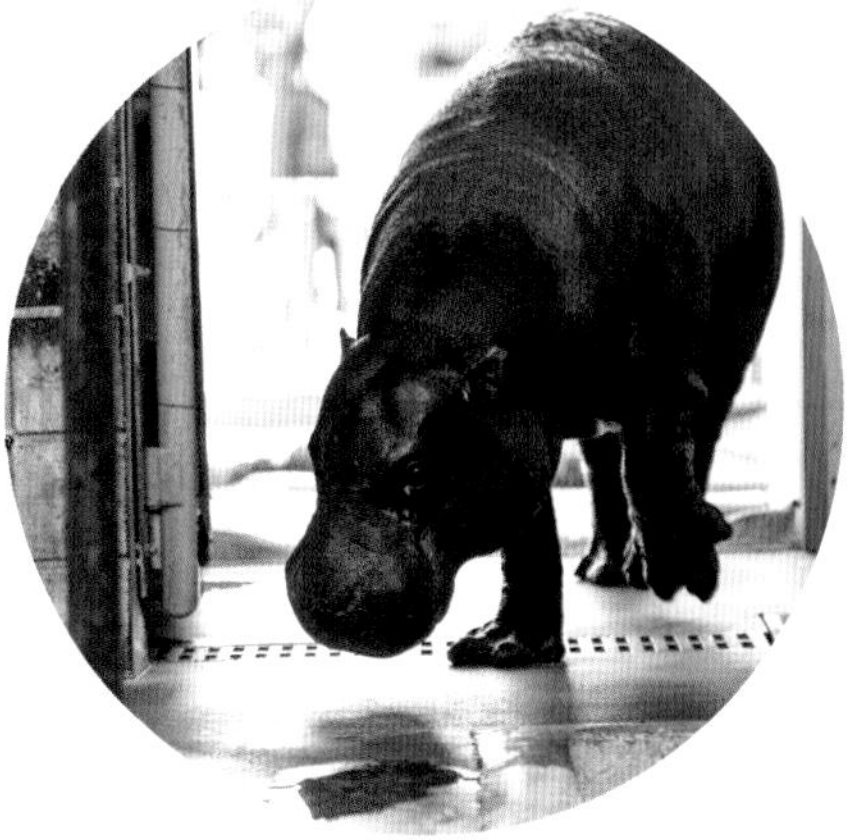

15時ごろ（時期によっては14時ごろ）屋内へ移動

糞や尿を飛ばすことがあるため要注意エリアを表示してある「おしりを向けたら〜」の注意書きはここにも（写真上）。人が多いときほどやりがちなのだとか。

屋内に入ると餌が用意されているのでさっそく採食。その後プールに入るなどして過ごす。プール内で排泄することも多く時間が経つほどに水が濁っていく。

決定的瞬間スナップ集①

こんなお客様も…
〈ある日のモミジ編〉

飲んだり水浴びしたりと水回りはお気に入りのカラス。激しく追いはらうしぐさはなかったものの当然その存在は意識しているモミジ。

緑豊かな上野動物園では時折、飼育スペースに入り込んだ野鳥などの姿を見ることも。この日のコビトカバ舎への訪問者は都会に多いハシブトガラス。

室内のプールサイドに前足をかけて飼育係にアピールの図。一般の人は下がって見守りましょう。

東京都恩賜
上野動物園を訪れたら
こちらもチェック！

歴史の長さもあり「日本初」「日本一」の多い上野動物園。ここではカバ科を構成する2種に加え、国内でも同園だからこそ一度に会える珍獣たちにもご注目。

コビトカバとカバを同時に観察

コビトカバがいる西園の「アフリカの動物」エリアではアフリカに生息する動物たちを展示。具体的にはキリンやカバ、サイなどの大型動物、オカピ、ハシビロコウほか珍しい動物に会うことができます。なおコビトカバとカバの飼育スペースは隣接しているので、是非見比べてみましょう。

上野動物園はまた、日本で唯一、ジャイアントパンダ、オカピ、そしてコビトカバの「世界三大珍獣」が勢揃いしている施設でもあります。とはいえこれは国際的に認定されたりしたものではなく、実は日本独自のもの。今泉忠明著『知識ゼロからの珍獣学』によると、１９５５年ごろ、当時の上野動物園園長・古賀忠道氏はじめ、同園の福田三郎氏、山階鳥類研究所所属の動物学者・高島春雄氏ら動物園関係者、動物学者らが楽しんでいた動物談義をきっかけに「世界の七不思議」にならい生まれたのだとか。

ちなみに「三大珍獣」認定の根拠とされたのは、①数が非常に少ない　②生息地域が極めて狭い　③大昔からほとんど姿が変わらず、生きた化石と呼ばれること、だったそうです。

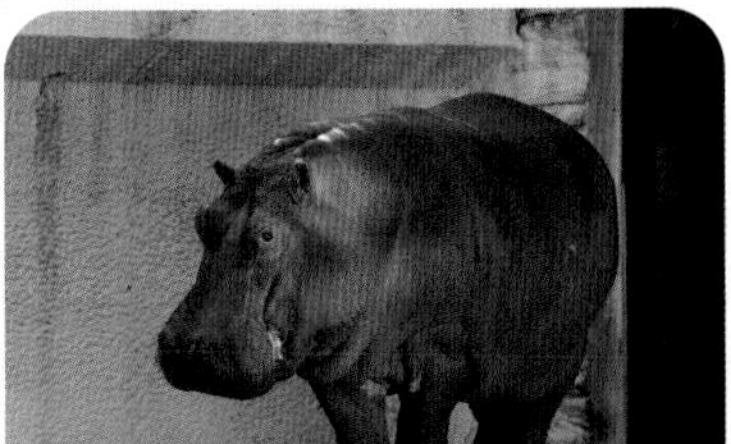

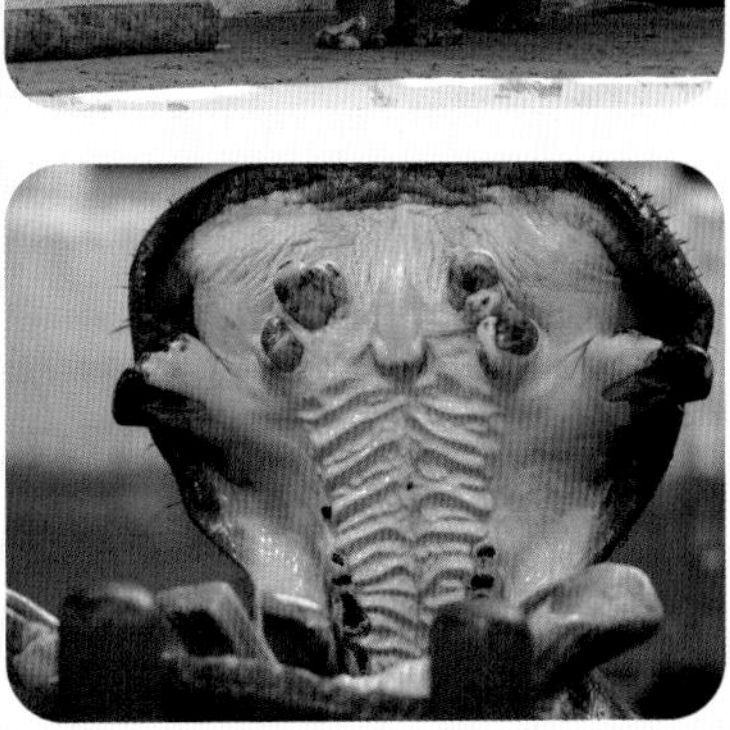

森に適した体つきのコビトカバと、水辺に適した体つきのカバ（写真）。口のつくり（その前にとにかくサイズ！）の違いも一目瞭然。

名古屋市
東山動植物園

なごやしひがしやまどうしょくぶつえん

サイト：http://www.higashiyama.city.nagoya.jp/
Twitter：@higashiyamapark

千種区東山元町の東山公園内にある海外からの来園者も多い市営動植物園。
現在は100以上の絶滅危惧種を含む約500種の動物たちが飼育されています。

所在地：愛知県名古屋市千種区東山元町3-70
開園時間：9時〜16時50分（入園は16時30分まで）
休園日：月曜日（月曜日が国民の祝日や振替休日の場合はその翌平日）、年末年始（12月29日〜翌年1月1日）※臨時休業あり

現在の場所に開園したのは1937年3月。50年前にできたコビトカバ舎は壁面緑化やレリーフが施された趣ある建物。

ここで会える！のは…

ミライ

コユリ

飼育種類数は日本一 保全活動にも尽力

前身まで遡ると1918年から100年以上にわたり〝名古屋の動物園〟として親しまれてきた同園。動物園は本園と北園に分かれており、キリンやライオンなどに会える本園には、アジアゾウ舎「ゾージアム」やコアラ舎と学習施設「コアラフォレスト」、人と鳥を隔てる柵がない「バードホール」などが。そしてニシゴリラをはじめ類人猿のいる北園には、珍しい動物に会える「自然動物館」、世界でも珍しいメダカに特化した展示施設「世界のメダカ館」などがあります。コビトカバがいるのも北園です。

名古屋市東山動植物園 コビトカバ飼育のあゆみ

1965（昭和40）年 飼育スタート

「記録によるとコビトカバの飼育がはじまったのは1965年10月15日。最初に飼育したのはシエラレオネで保護されたメスの個体で、理由はわかりませんが上野動物園→円山動物園→東山動植物園に移動したのち、翌1966年6月にまた上野動物園に戻り、8月に再び来園しています」

1971（昭和46）年 初のペア飼育

「1970年に現在の施設が完成し、翌1971年にはオス個体を導入して初めてペアでの飼育になりました。ただこのオスは導入した2年後に亡くなっています」

1976（昭和51）年 初めての妊娠

「1976年に新たなオスが来園しメスが妊娠しますが、残念ながら死産でした。その後メスの死亡により、1982年に新たなメスを導入。繁殖にも精力的に取り組んできました」

1990（平成2）年 ついに初出産

「そして1990年11月、東山動植物園で初めての出産が見られました。それまで国内でのコビトカバ出産は1962年と1964年の上野動物園における2例のみ。出産は国内3例目、26年ぶりのことでした。このとき産まれた子はその後、上野動物園に移動。上野動物園にいたメスとの間に多くの子を残しています。

現在まで10頭（オス4頭、メス6頭）のコビトカバを飼育してきており、2度の繁殖がありました」

コユリは2011年11月に上野動物園から、ミライは2018年10月にいしかわ動物園から来園。マイペースで過ごしつつ時折呼びあう姿も。

STAFF COMMENTS

●気をつけていること

「過去に動物同士でけんかをしてけがをすることがあったため、2頭を柵で隔てて飼育するようになりました。よく鳴いたり柵越しにお互いに寄り添ったりするなど、仲は良いと思います。おとなしく温和な感じに見えるコビトカバですが、まれに人に対して攻撃的になることもあるため、適度な距離感を保って接するように心がけています」

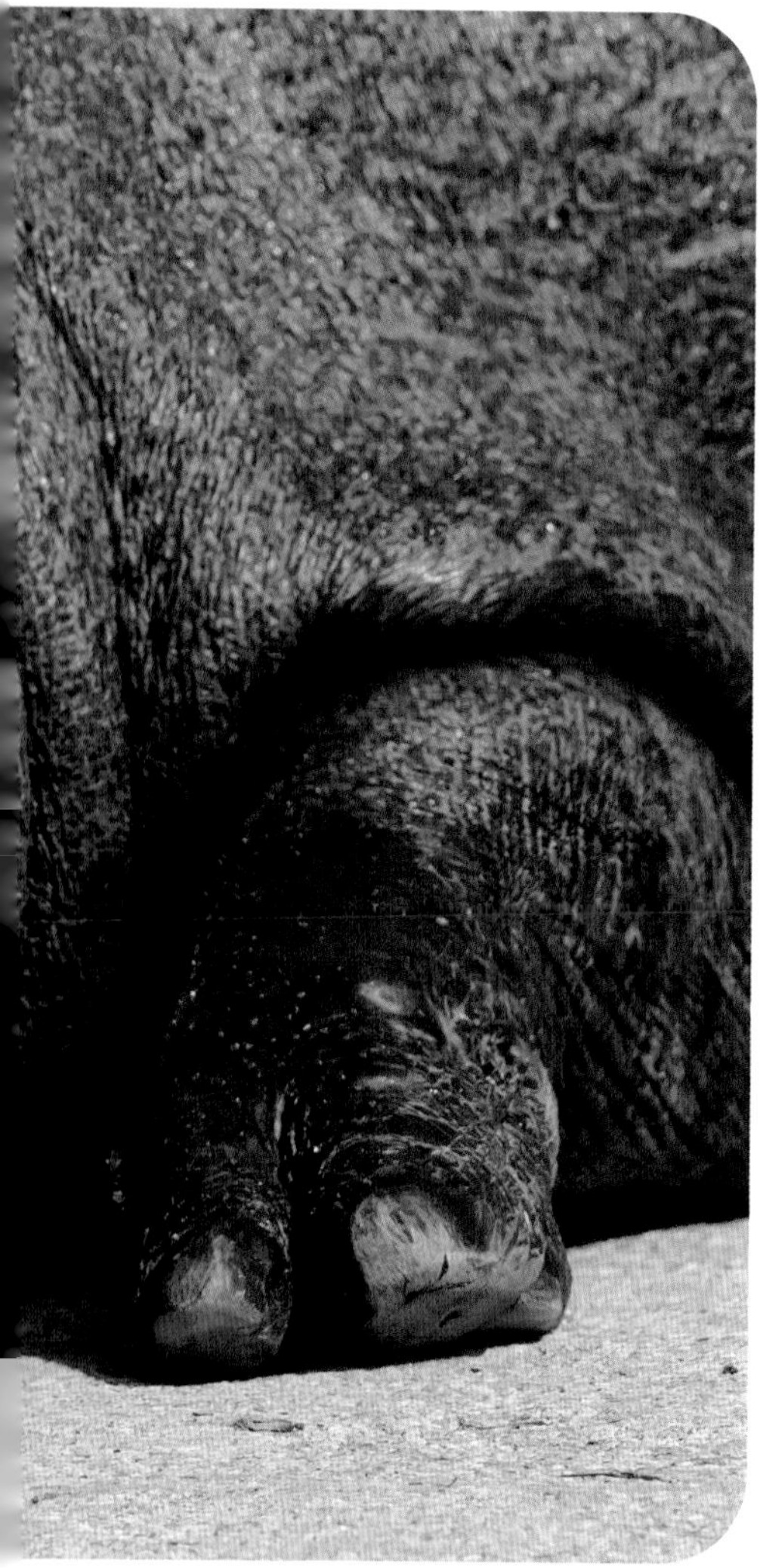

一日のタイムテーブル

9時ごろ 出舎（室外へ）

屋外放飼➡食餌➡ときどきおやつ（落花生など）をもらいながら寝たり水に浸かったりして、のんびり過ごす

15時45分ごろ～ 室内へ移動

屋内に収容➡食餌➡寝たり水に浸かったりして、のんびり過ごす

日中の主な過ごし方

快晴時は採食後、夕方まで暖かい場所で寝ていることがある。
夏の暑いときはプールに入り、泳ぐか浸かっていることが多い。
おやつ（落花生）をもらえるときはプールの縁までやってくる。

給餌について

一日2回（朝9：00ごろと夕方15：45ごろ）
種類と量：
（朝）青草5キロ・おから少量
（夕）青草5キロ・ペレット少量・ヘイキューブ少量・バナナ1本
そのほか木の葉など

雨に大興奮《ハイテンション》

〈ある日のコユリ&ミライ編〉

取材時の天候は曇天→雨模様。屋外エリアで過ごしていたコユリが突然興奮したように駆け出しプールへ。

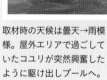

つられて？ ミライも…

走ってはプールへダイブ！
活動スペースを周回する
コユリ。雨に興奮した？

柵を隔てて過ごしていたミ
ライもコユリに続くように
元気に走る。

後ろ足で立つコユリ。こうして塀の外の草を一心に食む姿もよく目撃されている。食べすぎ注意!?

名古屋市東山動植物園を訪れたらこちらもチェック！

植物園とあわせ幅広い層が足を運ぶ同園。動植物についてのみならずそれを取り巻く環境問題などを学ぶ場としても重要な役割を果たしています。

さらに親しまれる空間へと進化中

東山動植物園で会える動物は、大きなゾウから小さなメダカまで約500種。動物園としては国内最多を誇ります。不動の人気を誇るコアラやゾウ、〝イケメンゴリラ〟として名を馳せるニシゴリラ「シャバーニ」、日本ではここでしか会えないラーテル――見どころは尽きませんが、多種多様な動物たちの豊かな表情や行動を通して、その興味深い生態にふれることができる貴重な場なのです。

　ちなみにコビトカバとカバの両方を飼育展示している施設は日本ではここと上野動物園、アドベンチャーワールドの3カ所だけ。両者の違いを観察する限定イベントが開催されたこともありました。

　また、併設の植物園で四季折々の植物や風景を楽しむことができるのも魅力の同園。現在は「歴史と文化に育まれた人と自然のミュージアム」をテーマに、再生プランが進行中。開園初期からの建造物や大きく成長した樹木、都市に残る豊かな自然など、今ある魅力を大切にしながら、さらに身近に楽しく自然と向きあうことのできる空間づくりに取り組んでいます。

コビトカバの近くにはカバも。違いを観察してみよう。さりげなく設置されたカバと記念撮影ができる顔出しパネルもうれしい☆

早くコビトカバに会いたい！
子どもでなくとも駆け出したくなるようなエントランス。童心に帰る一日にようこそ。

ここで会える！のは…

ヒカル

ノゾミ

いしかわ動物園

いしかわどうぶつえん

サイト：ishikawazoo.jp
Twitter：@ishikawazoo_jp

自然の地形を生かした辰口丘陵公園内の23ヘクタールの敷地で展開する同園。それぞれの動物たちの本来の生息環境を再現した展示が特徴です。

所在地：石川県能美市徳山町600
開園時間：《4月～10月》 9時～17時（入園は16時30分まで）《11月～3月》 9時～16時30分（入園は16時まで）
休園日：火曜日（月曜日が国民の祝日や振替休日の場合はその翌平日）、年末年始（12月29日～翌年1月1日）
※春休み期間の火曜日は開園、夏休み期間は無休。臨時休業あり

約200種を20エリアに展示

1999（平成11）年10月9日、「楽しく、遊べ、学べる動物園」を基本コンセプトにオープン。ゾウやキリンなどのメジャーな人気者から、国の特別天然記念物指定種、県内や近県の希少な国有種まで、約200種4000の動物たちに会うことができます。

　また動物の生態観察やふれあい体験などを通して、自然保護や動物愛護の精神を学べる各種教育活動プログラムも提供。コビトカバ飼育ではブリーディングローンを積極的に活用、全国の動物園施設と連携して展示動物の繁殖に精力的に取り組んでいます。

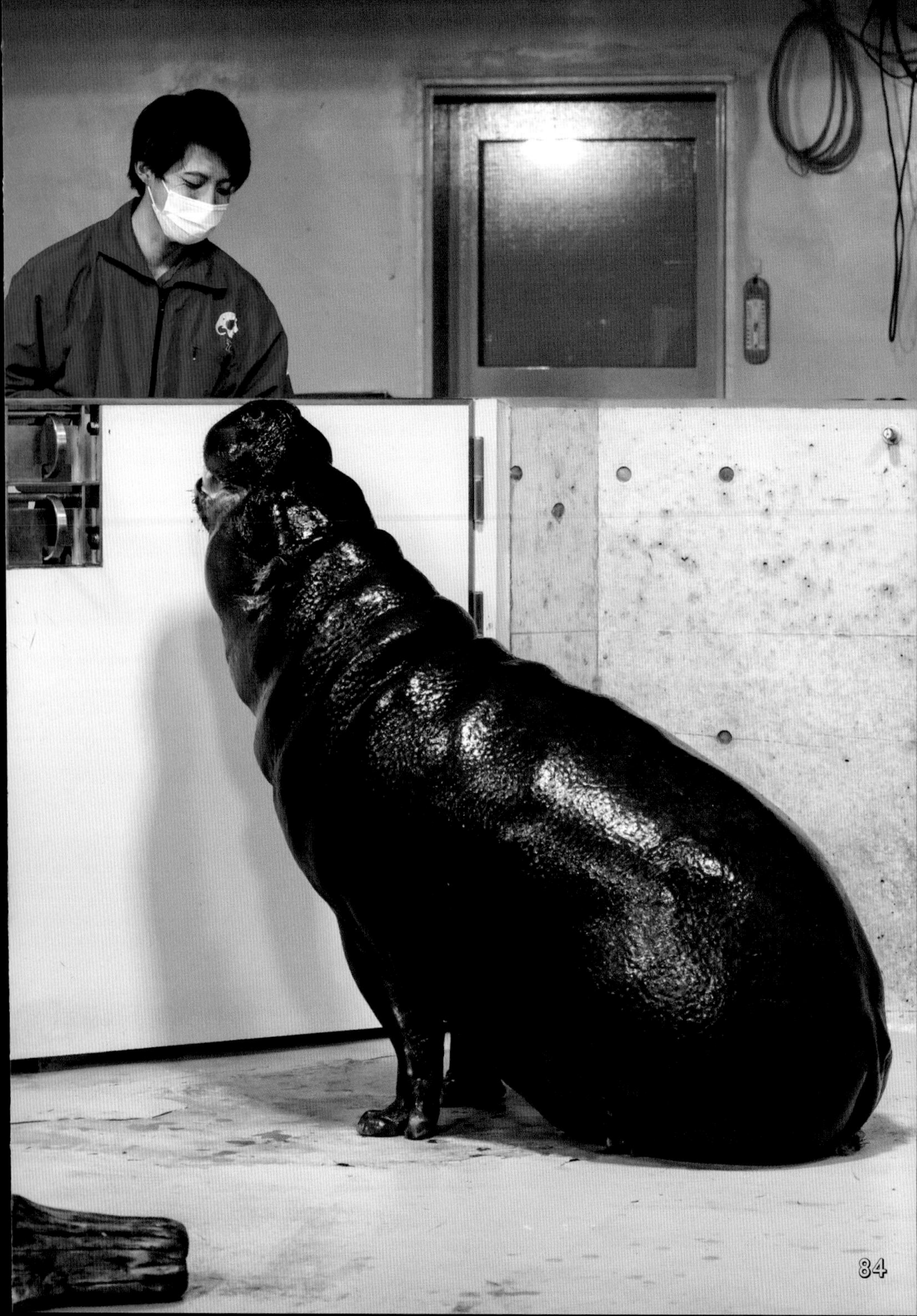

いしかわ動物園
コビトカバ飼育のあゆみ

2012（平成24）年 飼育スタート

「4月にオランダからメス個体が到着。愛称はノゾミとなりました」

2012（平成24）年 ペア飼育へ

「シンガポールからオス個体（愛称・ヒカル）が来園し、10月4日よりペアでの飼育（別居）がスタートしました」

2014（平成26）年 ペアで同居

「5月20日、初めて同居を試みました。初めはお互いに威嚇しあうこともありましたが大きな闘争はなく、徐々に威嚇はなくなり継続した同居が可能となりました」

2016（平成28）年 初の出産

「2016年6月に交尾確認。12月23日に妊娠期間201日目で第1子のオスの赤ちゃん（愛称・ミライ）を出産しました」※ミライは2018年10月15日に東山動植物園へ移動。

2019（令和元）年 第2子出産

「2019年6月に交尾を確認。12月25日に妊娠期間205日目でオスの赤ちゃんを出産しました」※この第２子は翌2020年３月、食欲が落ちたため看護観察していたところ、17日に容体が急変、死亡が確認された。

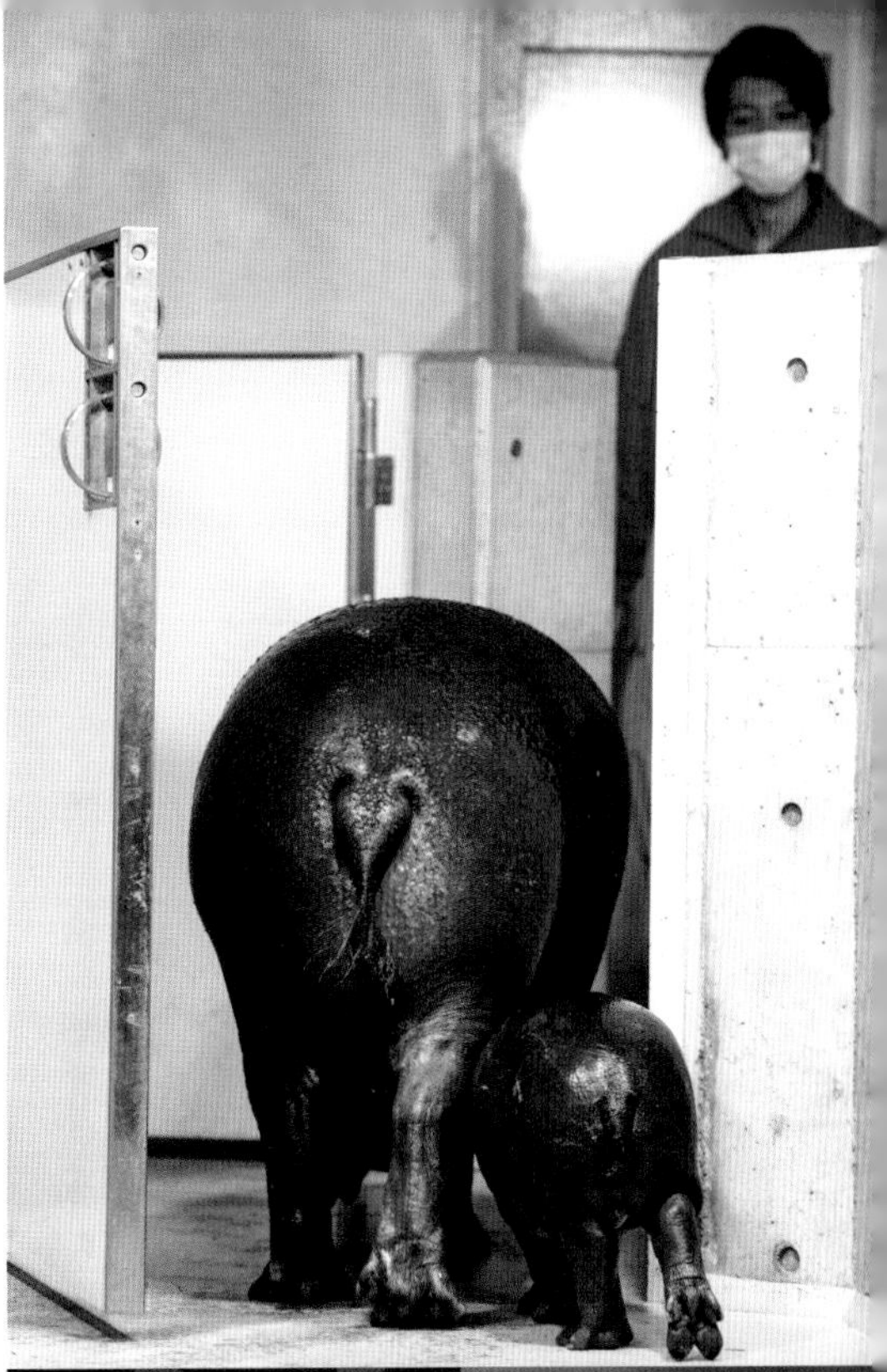

コビトカバがいるのは「カバの池」エリア。2010（平成22）年、当時国内最高齢だったカバ（愛称・デカ）が推定58歳で死亡。そのカバ舎を利用して飼育展示できる動物として候補にあがったのだとか。ちなみに赤ちゃんがいる場合はバックルームでの様子も左写真のようにモニターで観察できる。

オランダの動物園を参考にしたという飼育スペースは洗練されたデザインにも注目！　普段は使用していないがシャワーも完備。

STAFF COMMENTS

●気をつけていること

「寒さが苦手な動物なので、冬場は室温、水温ともに20℃を下回らないようにしています。

ほかには掃除後に展示場に出す際、特に赤ちゃんがいるときは、陸からプールの底への落下の可能性を考えて、水位を3分の1くらいは溜めてから展示場に出すようにする、といったことに気をつけています」

●飼育方法の工夫

「基本的な飼育方法は他園で行われている方法を導入前に調査、踏襲したもので、最初からほぼ変わりません。ただ、妊娠判定をしたかったので、エコー検査のためのトレーニングはしました。これはノゾミが人懐っこい性格だったこともあり、とてもスムーズに行うことができました」

一日のタイムテーブル（赤ちゃんがいる場合）

8時15分
様子見とプールの水温チェック。

9時
餌をセットしてヒカルを隣の展示場兼寝室に移動する。ヒカルの展示場兼寝室の掃除。掃除後餌をセットして戻す。

9時35分
ノゾミの展示場兼寝室の掃除。掃除後プールにお湯を溜める。

11時15分
ノゾミと赤ちゃんを展示場兼寝室へ移動。産室の掃除。

16時
産室に餌をセットし、ノゾミと赤ちゃんを産室へ戻す。

16時10分
餌をセットしてヒカルを隣の展示場兼寝室に移動する。餌をセットしてヒカルを展示場兼寝室に戻す。

17時30分
夜間撮影のビデオをセットし、消灯。

日中の主な過ごし方
ほぼプールで睡眠。ヒカルはプール内、ノゾミと赤ちゃんは階段部分にいることが多かった。（2020年2月取材時）

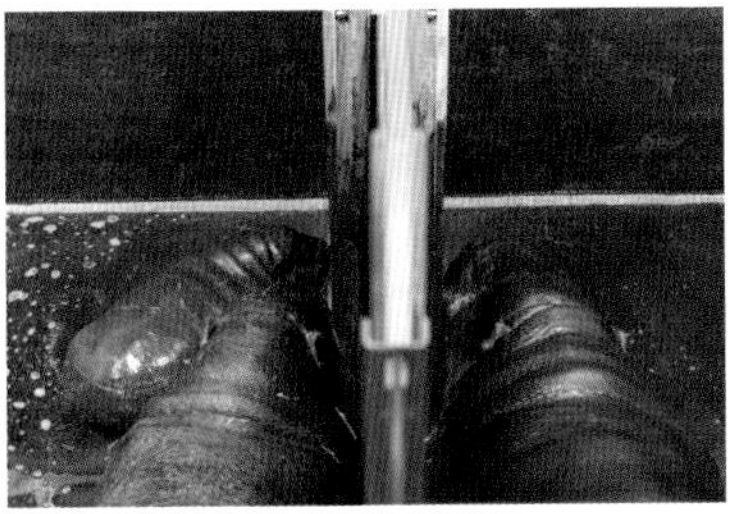

給餌について
給餌は一日2回
（ヒカルは9時30分ごろと16時15分ごろ。ノゾミは11時15分ごろと16時ごろ。ただ時間はあくまでも目安で。毎日変動する）
種類と量（1回量）：
■ヒカル
ニンジン300グラム・バナナ50グラム・リンゴ50グラム・固型飼料500グラム・乾草1.7キロ（乾草は夕餌のみ）
■ノゾミ
ニンジン500グラム・サツマイモ200グラム・バナナ100グラム・固型飼料500グラム・乾草1.7キロ（乾草は夕餌のみ）

もっと！
現場担当者に聞くコビトカバのこと
「担当する前は、どんな動物かわからず、こんなに飼育係に寄ってくるような動物だとは思っていませんでした。触ってみて初めて皮膚の分泌物の粘り具合がわかりました。見た目は全身つるっとしていて境目はありませんが、背中は分厚いゴム板のようで、お腹はとても軟らかいことがわかりました。また、ヒカルは時々立ち上がるので、初めて見たときは、立ち上がるのか！ とそれにも驚きました」

いしかわ動物園を訪れたらこちらもチェック！

バリアフリー、地球環境への負荷、動物福祉に考慮した空間づくりを進めてきた同園。種の保存、野生動物の保護活動などにも精力的に取り組んでいます。

テーマ、エリア別に動物たちを体感

生息地に近い環境をできるだけ再現しつつ、飼育側の工夫によるエンリッチメント（その動物ならではの行動を可能とする具体策）に挑戦するいしかわ動物園。展示においても来園者の動物たちへの興味と理解を深める楽しい工夫が満載です。

たとえばホワイトタイガーを下から見ることもできる空中回廊のある「ネコたちの谷」。国の特別天然記念物に指定されている鳥たちのいる「トキ里山館」や「ライチョウの峰」。石川県と富山県にのみ生息する希少な固有種であるホクリクサンショウウオは「郷土の水辺」など、動物たちは20のエリアに配されています。

一方で、毎年およそ４００個体もの傷ついた野生動物が周辺から運び込まれる同園。その治療から野生復帰までのサポートも重要な仕事となっています。これには展示動物の種の保存への取り組みから得られたノウハウが役だっているのだとか。

なお、同園を訪れた際は是非立ち寄りたいのがショップ。なかでもゲットしたい大人気のお土産物のひとつが「こびとかばサブレ」（写真上）。カバをかたどったシルエットがたまりません！

カピバラ（写真上）とミーアキャット（スリカータ）に会えるのは子どもたちの目線で動物を体感できる人気エリア「ふれあいひろば」。

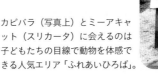

ミニカバが動き回る姿が遠目にもよくわかる、水族館の巨大水槽を思わせる展示スペース。気分がアガること必至！

ここで会える！のは…

モトモト

フルフル

NIFREL（ニフレル）

にふれる

サイト：nifrel.jp
Twitter：@NIFREL_official

アートのように陸海空の生き物の魅力に浸ることのできる異色スポット。
7月には同施設生まれの子が独立。その飼育の歴史に新たなページを加えます。

所在地：大阪府吹田市千里万博公園2-1
開園時間：10時〜20時（入館は19時まで）　※状況により変更あり
休園日：無休　※1回の点検休業、臨時休業あり

子が独立して再びペアでの展示に

2015（平成27）年11月19日、海遊館のプロデュースにより「生きているミュージアム」をキャッチフレーズとしてオープン。水族館、動物園、美術館の要素を併せ持つオンリーワンの施設として、多彩な感動体験を提供しています。

ここでオープン以来愛されているのが、同施設ではミニカバと呼ばれるコビトカバ（以下ミニカバ）。ちなみにニフレルでは飼育従事者を飼育係、飼育員といった呼称ではなく「キュレーター」と呼びます。これには生き物と来館者をつなぐ存在という意味が込められており、役割も異なります。

NIFREL（ニフレル）
ミニカバ飼育のあゆみ

2015（平成27）年 飼育スタート

「2015年11月のニフレルのオープンにあたり、水辺の多様性をテーマとしたゾーンの展示が計画され、水辺で生活する大型の生きものの水中でのユニークな姿をご覧いただきたい、との思いからミニカバが選ばれました。

オープン当時より飼育展示しているのはオスのモトモトです」

2018（平成30）年 ペア飼育へ

「2017年4月にメスのフルフルが来て2018年5月よりペア飼育となりました」

2019（平成31/令和元）年 初の出産

「2019年2月21日、2頭の間に第一子となるオスのタムタムが誕生しました」
※独り立ちの時期を迎えたタムタムは2020年7月14日、ニフレルを巣立って神戸どうぶつ王国に搬出。

タムタムの成長を見守り続けてきたミニカバ担当キュレーターで獣医師の村上翔輝さん。

STAFF COMMENTS

●気をつけていること

「意識しているのは太りすぎないようにするということです。飼育下では野生のミニカバと比較して太りやすいといわれているので、週に1度の体重測定を欠かさず行い体重管理をしています。

ほかには、ニフレルでは透明度の高い水槽を設置していますが、ミニカバはその生態からどうしても水中で糞をするので水が汚れているように見えてしまいます。透明に見せようと頑張っていますが、タムタムが成長して糞の量も3頭分になって苦戦しました。

ミニカバの飼育をして約5年ですが、まだまだ彼らが持つ行動を引き出せていないので、そうした野生本来の行動を引き出していきたいなと思っております」

もっと!

現場担当者に聞く ミニカバのこと

「ミニカバの担当になる前はミニカバを意識して見たことはなく、知っているのが名前くらいということで一からの勉強でした。その中で、同じカバ科でありながら、カバとは全く違う生態をしていることを後から知っていきました。似たような名前、似たような形でありながら、ここまで違うのかというところに面白さを感じます。

　ミニカバは1頭1頭個性が違うといわれていますが、実際に飼育してみて本当にそれぞれしっかりと個性があるなというのを実感しています。今では見ているだけで面白いです。皆様にも1頭ずつの個性を見ていただけたらと思います」

一日のタイムテーブル

8時30分～10時

この時間帯の45分間で展示水槽の掃除（その間、ミニカバたちはバックヤード）。

10時～15時

一頭は展示室、もう一頭はバックヤード。キュレーターは調餌とバックヤードの清掃。

15時～翌8時30分

展示の交替（展示室とバックヤードのミニカバが入れ替わる）。

日中の主な過ごし方

モトモト……泳いでいるか寝ているかで、陸で寝ている時間のほうが多い傾向がある。ただ、ときおりプールをものすごい速さで走っていたりも。
フルフル……日中はプールで過ごしていることが多い。タムタムがちょっかいをかけてきたときは、走って追いかけている姿も見ることができた。

給餌について

ミニカバは不断摂餌する動物なので給餌時間を固定させず、毎日変えている。回数も決まっていない。いつも食べることができるようチモシーもしくはバミューダという干し草を撒いている。

種類と量：
世界中で使用されているミニカバ飼育ハンドブックに掲載されているミニカバの一日の必要な栄養素のデータを参考に、現在の体重に必要な量と内容を調整し、配分。チモシーもしくはバミューダ（干し草）に加え、草食動物用のペレット、イタリアングラスなどの青草や、トレーニングとエンリッチメント用として、リンゴやバナナなどの果物とレタスやキャベツなどの葉野菜を与える。

NIFREL（ニフレル）を訪れたらこちらもチェック！

ニフレルは水族館、動物園、美術館が融合、特定のジャンルに属さないオンリーワンの施設。ミニカバはもちろん、たくさんの素敵体験が待ってます！

キュレーターとの交流もお楽しみに

千里丘陵の万博記念公園に建つニフレルは、水族館、動物園、美術館が融合したジャンルを超えた複合施設。「感性にふれる」というコンセプトに由来する名前の通り、8ゾーンに分かれた館内は、独自の演出が施された、感性を刺激される空間です。

水族館や動物園などの施設は「アマゾン」「南極」などその生き物の本来の生息地の地域や気候、環境で区分されることが一般的。対してニフレルの各ゾーンの展示内容は、「多様性」をテーマに「いろ」「わざ」など生き物の個性の魅力に注目した構成となっています。大型陸上動物から魚類や水辺の生物、鳥類まで、陸海空の多種多様な生き物たちが入り混じり、生まれ持った美しさや不思議な営みの様子を同時に感じることができるのです。

なお前述のように、ミニカバのタムタムはこの7月、神戸どうぶつ王国に移動。寂しさは否めないものの、モトモトとフルフルペアの新たな動向、気になる生き物などについてキュレーターの方に疑問をぶつけてみたり、インスタ映えスポットを満喫したり。ここだけの体験はまだまだいっぱい！

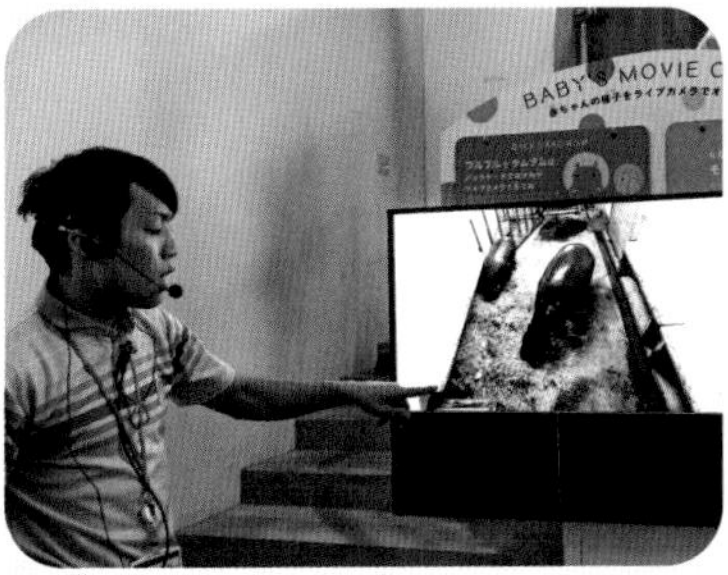

一般の飼育係と異なり、飼育作業に加え観覧通路に常駐し、来館者に生き物について解説を行う点がキュレーターの大きな特徴。

一瞬一瞬、豊かな表情や行動で見る人の心をくぎづけにするコビトカバたち。ここではなかでも特にたくさんの笑顔を咲かせてくれた2頭――2020年3月に残念ながら短い命を閉じた赤ちゃんと、7月にパートナー候補のいる新天地に移った幼さの残るタムタム――の貴重な〝あの日・あの時〟をご紹介。

ありがとう……

@いしかわ動物園 ノゾミ&赤ちゃん

親子の「密」時間

@NIFREL（ニフレル）フルフル&タムタム

アドベンチャーワールド

あどべんちゃーわーるど

サイト：https://www.aws-s.com
Twitter：@aws_official

パークテーマは「こころにスマイル 未来創造パーク」。多くの動物たちに出会えるほか、豊富なアトラクションやイベントも楽しめる複合施設です。

所在地：和歌山県西牟婁郡白浜町堅田2399
開園時間：10時〜17時　※変動あり
休園日：不定休（上記サイトをご確認ください）
※問合せは右記まで：アドベンチャーワールド インフォメーション（ナビダイヤル）0570-06-4481

ミニカバがいるのは「ふれあい広場」。展示スペース前の広場には絶好の撮影スポット、ミニカバのオブジェが（写真左）。

ここで会える！のは…

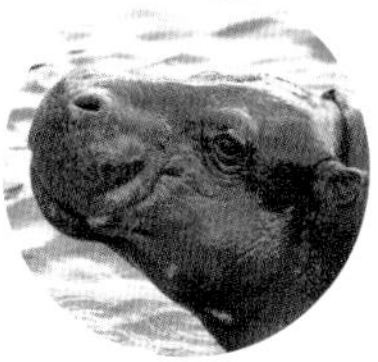

パンダで知られる南紀白浜の贅沢空間

紀伊半島南西部の広大な敷地に、動物園・水族館・遊園地の感動を同時に味わえる複合型テーマパークとして1978年4月22日にオープン。現在はサファリワールド、マリンワールド、エンジョイワールド（ふれあい広場、ファミリー広場、プレイゾーン）から構成されたパーク内には、陸・海・空の約140種1400頭の動物たちがいます。

なかでも注目を浴びる存在といえばジャイアントパンダ。もちろんミニカバ（アドベンチャーワールドでのコビトカバの呼称）とカバも間近でばっちり見られます。

STAFF COMMENTS

●飼育方法の工夫など

「本来、暖かい地方で暮らす動物なので、冬期間でも水に入れるようボイラーでプールの水を温めています。それでも乾燥で肌にヒビなどが入ってしまうため、植物油やヨード系の消毒液をかけて対応しています」

●展示の見どころ

「水中で泳ぐシーンをご覧いただけるところです。野生ではカバほど水中に入っていることはあまりありません。この運動場ではプールの水の表面が人間の大人の高さぐらいなので、ミニカバが水中を優雅に泳ぐところをご覧いただきやすくなっています。とてもかわいいので是非見ていただきたいです」

アドベンチャーワールド ミニカバ飼育のあゆみ

1997（平成9）年

「初代のミニカバは平成９年３月、東山動植物園からやってきたメスでした。当時はミニカバの飼育園館が少なく、西日本初のミニカバをご覧いただける施設でした。

この初代が亡くなったのち、オスのミニカバがやってきました。その1年後、現在暮らしているミニカバが来園し、このペアは3年間一緒に暮らしました」

もっと！

現場担当者に聞く ミニカバのこと

「担当になるまではカバの亜種的な動物なのだと思っていました。ところが実際担当するとまったく違う動物で、丸みを帯びた体形をはじめ、ミニカバなりの魅力にたくさん気づかされました。特に身体的特徴では、冬場以外は赤い分泌液を出すカバと同様に体表から高い粘度の分泌液を出すことに驚きました！」

一日のタイムテーブル

10時30分　展示場解放
11時30分　カバ舎内清掃、調餌
16時30分　カバ舎に収容・給餌

日中の主な過ごし方

基本的には日光浴しながら昼寝をしていることがほとんど。夕方辺りになるとよくプールに入っている姿も見かける。

バックヤードから展示スペースに続く扉が開くと、プール前に置かれたサツマイモに迷わず向かうミニカバ。猫ならぬカバまっしぐらな様子がなんともキュート^_^

給餌について

一日1回
そのほか解放の際に少し運動場へサツマイモを置く。
種類と量：
サツマイモ1.5キロ、青草1体、草食動物用ペレット2キロ、ヘイキューブ0.5キロ程

横からだけでなく見下ろす位置からも観察できる、他とはひと味違う展示スペース。俯瞰だとミニカバの動線がよくわかって興味深い。

アドベンチャーワールドを訪れたらこちらもチェック！

日本最多の6頭のジャイアントパンダファミリーが暮らすパークには、ほかにも多くの動物たちとの出会い、ふれあい体験が。決定的瞬間写真がたくさん撮れそう。

じっくりプランを練って出かけたい

一日では回り切れないボリュームのパーク内。世代を超えた来場者の希望を満たしてくれる各種ツアーやイベント、アトラクションも充実しています。

動物目当てのコースだけでも、広大な敷地を闊歩する陸の動物たちの世界をケニア号で観覧するサファリツアー、海の動物たちのマリンライブなど目移りするほど。また、夜間営業が行われているときは動物たちの昼とは異なる姿を見ることもできます。

希少動物の繁殖・育成に尽力する同施設が大きな成果をあげているジャイアントパンダたちももちろん見逃せません。リラックスした表情の彼らにはブリーディングセンターとPANDA LOVEの2カ所で会えます。

ほかにもパークの動物たちにちなんだグッズや和歌山の特産物が揃うショップや、動物モチーフのメニューがうれしいレストランも要チェック！　できれば白浜温泉に投宿して2日間でじっくり味わいたいパークなのです。

カバもいっしょにたっぷり堪能♡

アトラクションには「カバフィーディング」（有料）も。大きな口を開けておやつを食べるカバの大迫力を目の前で感じてみては？

目じるしは
コチラ！

カバをモチーフにしたヒポバーガー!!

むね♡もおなかも
カバたちでイッパイ♡

パーク内のレストランではカバの形の自家製バンズを使用したヒポバーガーも販売。テイクアウトして好きなスポットで食べられるインスタ映え必至の逸品、ゼッタイ試したい！

ワイルドな食べっぷりに
目が離せない！

たくさん食べるけど、さすがにキリはあり。ちなみに生えている草などは唇でむしり、口を開けたまま上を向き奥に送りこむというのがカバの食べ方。

神戸どうぶつ王国

こうべどうぶつおうこく

サイト：kobe-oukoku.com
Twitter：@kobe_doubutsu

2014年7月19日、「神戸どうぶつ王国」としてリニューアルオープン。
動物たちを間近に感じられる演出が幅広い世代から人気を集めています。

所在地：兵庫県神戸市中央区港島南町7-1-9
開園時間：《3月～11月》平日10時～17時（入国は16時30分まで）、土日祝10時～17時30分（入国は17時まで）
《12月～2月》平日10時～16時30分（入国は16時まで）、土日祝10時～17時（入国は16時30分まで）　※荒天は変更の場合あり　※冬期はアウトサイドパーク（屋外エリア）の開園時間に変更あり
休園日：木曜日（祝日・春休み・GW・夏休み・年末年始は開園）、臨時休業あり

熱帯植物などが配されたダイナミックなデザインの展示室。ガラス越しにさまざまな姿、表情に出会うことができる。

ここで会える！のは…

コウメ

タムタム（公開準備中）

鳥や動物たちとのふれあい体験も充実

ポートアイランド内という立地もあり、多くの人々に愛されるオアシス的空間。鮮やかに咲き誇る花や珍しい植物が配された温室などには放し飼いになっている鳥や動物も多数。他の施設では眺めるだけの彼らにタッチや餌やりができたりと、多くのエリアでふれあい体験が可能です。インサイドパークとアウトサイドパークに分かれた全天候型施設なので、雨模様でもＯＫなのもうれしいところ。コビトカバがいるのは「アフリカの湿地」エリア。コウメとタムタム（２０２０年７月現在、公開準備中）が待ってます！

STAFF COMMENTS

●飼育のあゆみ

「神戸どうぶつ王国にいるのは2020年1月28日で14歳になったメスのコウメです。2018年10月14日に繁殖を目的としたブリーディングローン（BL）で名古屋の東山動植物園より来園しました。そして2020年7月には大阪のニフレルからオスのタムタムが来園しました」

●飼育方法の工夫など

「飼育において気をつけていることは距離感です。また、苦労したことはコーリングですね。ここでは鈴を使用し、音の鳴るほうへ来てもらうことになっているのですが、なかなかうまくいきませんでした」

●展示の見どころ

「普段はガラス越しにご覧いただいていますが、イベント『カバカバトー

ク』（新型コロナウイルス感染症対策のため休止中。２０２０年７月現在、再開未定）のときだけは展示場の壁にあけられた給餌口から顔を出すので、大きな口を開けて餌を食べる迫力ある姿を間近で体感できます。遮るものがないので見ごたえがありますよ。ほかには、体高より深いプールの中で泳いでいる姿を全身見ることができるのも面白いと思います」

カバカバトーク
Pygmy Hippopotamus Study Talk
11:15/15:30

一日のタイムテーブル

8時45分　状態チェック
10時前　展示場へ解放
10時過ぎ　給餌
11時15分　カバカバトーク
（イベント・給餌）
〜15時　給餌
15時30分　カバカバトーク
（イベント・給餌）
〜16時30分（もしくは17時）給餌
〜16時30分（もしくは17時）収容
※収容は営業時間により変更

日中の主な過ごし方

その日によるが、昼間は睡眠が多い。起きてプールで泳いでいることもある。

給餌について

一日4〜5回
11時15分〜／15時30分〜のイベント時と、それ以外はランダム
種類と量（1回量）：
イモ・ニンジン・ペレット各数十グラム、青草200〜400グラム

コビトカバをいちばん間近に感じられるカバカバトークでは、息遣いや鳴き声、口開け、食餌の様子などを目の前で体感できる。休止中のカバカバトーク再開後は写真のコウメに続き、タムタムの登場にも期待♪

食べたり休んだり、水に入ったり歩きまわったり。その時々の居場所にもよるものの、ガラス越しながらかなり近くでじっくり観察することができる。

神戸どうぶつ王国を訪れたらこちらもチェック！

大阪のニフレルからタムタムも来園し、さらに人気を集めそうな同施設。ここでは足を運んだらあわせて押さえたい、そのほかの見どころなどをご紹介。

ここならではの展示や体験を堪能

神戸どうぶつ王国に一歩足を踏み入れると、とにかく感激するのが動物たちとの距離。生息地を意識した環境で生き生きと活動する鳥や動物の姿が驚くほどの近さで味わえる、まさに「花と人と動物の共生パーク」なのです。加えてここでは、鳥や犬たちのパフォーマンスショーをはじめ各種イベントを開催。スイレン池の上を大きな翼を拡げてペリカンたちが次々に飛んでくるペリカンフライトは特におすすめ。他施設では見られない、優雅で迫力満点の光景が繰り広げられます。

天候に左右されず楽しめるインサイドパークでは、登場以来ＳＮＳなどでも雄姿を目にすることの多い大型猛獣のスマトラトラ、近年熱い視線を集めるハシビロコウやモモイロペリカンほかたくさんの動物、鳥たちが。2020年にはほかにも世界最古のネコといわれるマヌルネコ、日本初登場のスナネコ、西日本初登場のクモネズミ、国内はここでだけ会えるフクロシマリスなども来園しました。また、アウトサイドパークではラクダライドやカンガルーへの餌やりなどの体験も。とっておきの思い出づくりができそうです。

「見て」「ふれあえて」「体験できる」というモットーを体現する同施設は親子づれにも大人気。リピーターが多いのも納得。

おなじみの瞬間スナップ集

I'm so sleepy...
〈各施設の日中の一コマ編〉

東京都恩賜上野動物園
のナツメ。

神戸どうぶつ王国の
コウメの後ろ寝姿。

同じくコウメ。前から見ると……。

ニフレルのモトモトも。激写!

〈さらに！コビトカバ〉

知っておきたい「絶滅危惧種」について

野生生物を守る取り組み

前述のように、コビトカバは「絶滅危惧種」に選定されています。ここではそれがいったいどういうものなのかについて見ていきましょう。

長年、自然破壊や河川等の汚染、無謀な捕獲などにより野生生物が絶滅に瀕しているという状況が世界全体で問題となっています。生物全体では一日1種が絶滅しつつあるといわれるほど。各国でも自然環境と動植物を守ることに力を入れています。その一例にＣＩＴＥＳ（Convention on International Trade in Endangered Species of Wild Fauna and Flora：絶滅のおそれのある野生動植物の種の国際取引に関する条約）、通称ワシントン条約の締約があります。

そして自然保護に関する世界最大のネットワークといえば、１９４８年に世界的な協力関係のもとに設立された、国家、政府機関、非政府機関で構成されるＩＵＣＮ（International Union for Con-servation of Nature：国際自然保護連合）。

ＩＵＣＮではさまざまな自然保護活動を行っていますが、そのひとつが絶滅のおそれのある野生生物の種の名前とカテゴリー（危険度）をリスト化した「レッドリスト」（正式名称：「The IUCN Red List of Threatened Species」）の公表。同リストでカテゴリー（左ページ表参照）のＣＲ、ＥＮ、ＶＵに属するものが「絶滅危惧種」と呼ばれます。

ＩＵＣＮのレッドリストは現在はインターネット上で毎年改定版が公表されており、２０２０年7月9日に公開された最新版では、現在地球上に生息していると考えられている３０００万種以上から12万３７２２種を評価、うち3万2441種が絶滅危機種に選定されました。これは前回から1000種以上増加した数字になります。なおレッドリストに掲載された生物の学名や分布、生息状況などを解説しているのが「レッドデータブック」です。

また日本に生息する野生生物について、生物学的な観点から個々の種の絶滅の危険度を評価し、まとめた日本版レッドリストと呼ばれるものもあり、これは環境省のほか、地方公共団体やNGOなどが作成しています。これまでの日本版レッドリスト・レッドデータブックは、環境省生物多様性センター運用の「いきものログ」サイト内「絶滅危惧種情報レッドデータブック・レッドリスト」ページ(https://ikilog.biodic.go.jp/Rdb/booklist)で参照できます。

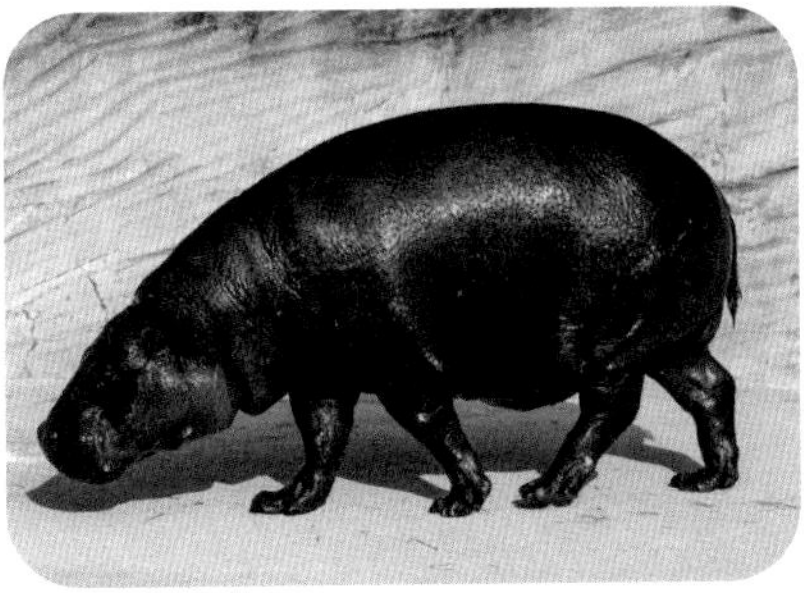

コビトカバのカテゴリーは「CR」。

レッドリスト カテゴリーとその概要

Ex（Extinct）：絶滅……野生・飼育下の両方で絶滅したと考えられる種。

EW（Extinct in the Wild）：野生絶滅……野生では絶滅した種（飼育下や本来の生息地以外では生存個体がある）。例：シフゾウ、シロオリックス

CR（Critically Endangered）：絶滅危惧ⅠA類……絶滅危惧種の中でも最も絶滅の危険の高い、絶滅寸前の種。個体数50未満、過去10年間（または3世代）で90%以上の個体数減少のあったものなどが含まれる。例：メキシコウサギ、クロサイ、ワタボウシタマリン

EN（Endangered）：絶滅危惧ⅠB類……絶滅の危険の高い種。個体数250未満、過去10年間（または3世代）で70%以上の個体数減少のあったものなどが含まれる。例：アジアスイギュウ、アジアゾウ、オオキンモグラ、グレビーシマウマ、ジャイアントパンダ、トド、トラ、マリアナオオコウモリ、マレーバク、ユキヒョウ、リカオン

VU（Vulnerable）：絶滅危惧Ⅱ類……将来絶滅の危険のある種。個体数1000未満、過去10年間（または3世代）で50%以上の個体数減少のあったものなどが含まれる。

カテゴリーにはほかにもNT：準絶滅危惧、LC：軽度懸念、DD：情報不足、NE：未評価などがある。

おわりに

世界を新型コロナウイルス禍が覆った2020年。早春には感染拡大防止のため動物園などの施設も休業に。普段当たり前のように接してきたさまざまな存在の大きさをあらためて感じる日々となりました。

そんななか各施設が動物たちの様子を伝える動画などをサイトやSNSで発信、人気を呼んだのは記憶に新しいところ。それを目にして会いたいときに実際に会えることのしあわせを再確認した人も多そうです。

この時期はまた、日本にいるコビトカバたちにもいろいろな動きがありました。3月にはいしかわ動物園の赤ちゃんとの別れも。まだ悲しみの中にいる人も多そうですが……。

しかし、コビトカバの最初の

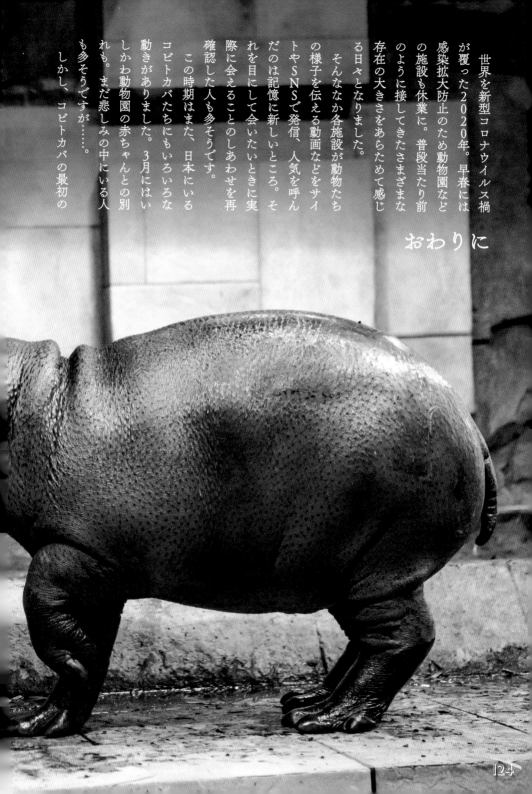

１頭が日本の地を踏んだのは１９６０年7月。それから60年間、飼育関係者たちが多くの試行錯誤、出会いと別れを重ねてきたことは想像に難くありません。実際、別れの一方で、7月にはニフレルのタムタムが神戸どうぶつ王国へ。新たな出会いも生まれています。絶滅危惧種となって久しい彼らに今日国内で会えるのはこうしたあゆみの上にあるのです。

なお、２０２０年7月末現在、国内のコビトカバに会える施設では営業再開後も新型コロナウイルス感染拡大防止対策により人が集まるイベントなどは多くが引き続き休止されています。本書でご紹介している内容も難しい場合がありますので訪問の際はご留意ください。

BIBLIO GRAPHY/ PHOTOGRAPH

■引用・参考文献

- 『動物大百科4 大型草食獣』D.W.マクドナルド編 今泉吉典 監修 平凡社　1986年
- 『改訂版 新 世界絶滅危機動物図鑑2 哺乳類 II サル・ウシ・カンガルーなど』学研プラス　2012年
- 『知識ゼロからの珍獣学』今泉忠明 著　佐藤晴美 画 幻冬舎　2015年
- 『世界珍獣図鑑（オリクテロプス自然博物館シリーズ）』 今泉忠明 著　人類文化社　2000年
- 『動物世界遺産 レッド・データ・アニマルズ6 アフリカ』 小原秀雄・浦本昌紀・太田英利・松井正文 編著　講談社　2000年
- WWF：World Wide Fund for Nature（世界自然保護基金）公式サイト 2020年7月16日付記事「絶滅の危機に瀕している世界の野生生物のリスト『レッドリスト』について」 https://www.wwf.or.jp/activities/basicinfo/3559.html
- 長崎バイオパーク公式サイト内「動物図鑑」カバ http://www.biopark.co.jp/animals/mammal/hippopotamus.html
- 各取材協力施設ウェブサイト／SNS
  ※URLは（　）内ページ参照
  東京都恩賜上野動物園（P58）
  名古屋市東山動植物園（P70）
  いしかわ動物園（P83）
  NIFREL（ニフレル）（P91）
  アドベンチャーワールド（P104）
  神戸どうぶつ王国（P112）

■写真提供

PPS通信社……P20-27／P37上

コビトカバに会いたい

2020年8月25日　初版第1刷発行

発行者　澤井聖一

発行所　株式会社エクスナレッジ
〒106-0032
東京都港区六本木7-2-26
http://www.xknowledge.co.jp/

問合せ先　編集　Tel:03-3403-6796
Fax:03-3403-0582
info@xknowledge.co.jp
販売　Tel:03-3403-1321
Fax:03-3403-1829